高等职业教育测绘类专业"十四五"规划教材

数字测图

刘明学◎主　编

郭彩立　谢忠偎◎副主编

张福荣◎主　审

中国铁道出版社有限公司

２０２３年·北京

内 容 简 介

本书为高等职业教育测绘类专业"十四五"规划教材。全书共分为 8 个项目，其中项目 1 为基础知识，项目 2 为控制测量，项目 3 为草图法测图，项目 4 为编码法测图，项目 5 为无人机测图，项目 6 为数字测图产品的检查验收，项目 7 为地形图原图数字化，项目 8 为数字地形图的应用。

本书可作为高职高专工程测量技术、铁道工程技术、高速铁路施工与维护等专业的教材，也可作为有关工程技术人员的参考书。

图书在版编目（CIP）数据

数字测图 / 刘明学主编. —北京：中国铁道出版社有限公司，2021.8（2023.7 重印）
高等职业教育测绘类专业"十四五"规划教材
ISBN 978-7-113-27840-3

Ⅰ.①数… Ⅱ.①刘… Ⅲ.①数字化测图-高等职业教育-教材 Ⅳ.①P231.5

中国版本图书馆 CIP 数据核字（2021）第 052582 号

书　　名：**数字测图**
作　　者：刘明学

策　　划：陈美玲
责任编辑：陈美玲　　　　编辑部电话：（010）51873240　　　　电子邮箱：992462528@qq.com
封面设计：高博越
责任校对：苗　丹
责任印制：高春晓

出版发行：中国铁道出版社有限公司（100054，北京市西城区右安门西街 8 号）
网　　址：http://www.tdpress.com
印　　刷：北京联兴盛业印刷股份有限公司
版　　次：2021 年 8 月第 1 版　　2023 年 7 月第 4 次印刷
开　　本：787 mm×1 092 mm　1/16　**印张**：11.5　**字数**：285 千
书　　号：ISBN 978-7-113-27840-3
定　　价：35.00 元

前言

数字地形图在国家基础建设中具有广泛的用途，是规划设计施工的重要依据。无人机摄影测量等新技术的出现，给数字测图行业带来了一场技术革命，也对测图人才培养提出了新要求。本教材紧密对接测图行业企业需求，从职业岗位核心技能出发，融入数字测图新技术，设置了基础知识、控制测量、草图法测图、编码法测图、无人机测图、数字测图产品的检查验收、地形图原图数字化、数字地形图的应用等 8 个项目。针对"数字测图"课程操作性较强的特点，教材编写遵循工作手册式教材的编写思路和要求，在操作性较强的内容部分以工作流程为依托序化教材内容。同时在教材中融入了思政元素，增加了动画、视频等信息化教学资源，引导学生自主探索，在学习过程中培养学习者的测图实践能力、职业素养和工匠精神。

本教材由陕西铁路工程职业技术学院刘明学担任主编，重庆市勘测院郭彩立、陕西铁路工程职业技术学院谢忠俍担任副主编，陕西铁路工程职业技术学院张福荣担任主审。具体编写分工如下：项目 1 中任务 1.1～任务 1.3、项目 4 由刘明学编写，项目 1 中任务 1.4、任务 1.5 由陕西铁路工程职业技术学院袁曼飞与自然资源部第二地形测量队刘钰共同编写，项目 2 由陕西铁路工程职业技术学院刘舜与郭彩立共同编写，项目 3、项目 7 由袁曼飞编写，项目 5、项目 6 和项目 8 由谢忠俍编写。本教材编写过程中参考了大量的文献和相关资料，同时也得到了编者院校的大力支持，在此一并表示感谢。

本教材内容所涉及的新技术、新方法都处于不断发展中，同时限于时间和编者水平，书中难免有不妥和疏漏之处，敬请读者批评指正。

若需 PPT 等教学资料，请联系相应编辑部。

编　者
2021 年 6 月

目录
MU LU

项目 1　基 础 知 识

项目描述

随着科学技术的进步和计算机技术的迅猛发展及其向各个领域的渗透,以及电子全站仪、GNSS-RTK 技术、无人机测绘等先进测量仪器和技术的广泛应用,地形测量向自动化和数字化方向发展,数字化测图技术应运而生,本项目着重介绍数字测图发展历史、测图常用比例尺及地形图分幅的相关知识,作为后续学习的基础。

学习目标

1. 知识目标

(1)了解数字测图发展历史;

(2)掌握比例尺分类方法;

(3)掌握梯形分幅和编号方法;

(4)掌握矩形分幅和编号方法;

(5)掌握地物符号的分类和特点;

(6)掌握等高线的相关概念和特性;

(7)掌握典型及特殊地貌的表示方法。

2. 能力目标

(1)能利用比例尺确定测量精度;

(2)能进行地形图梯形分幅和编号;

(3)能进行地形图矩形分幅和编号;

(4)能用正确的地物符号表示相应地物;

(5)能用正确的地貌符号表示不同地貌类型。

3. 素质目标

(1)培养团队协作意识;

(2)培养自主创新精神;

(3)培养诚实守信、爱岗敬业的职业素养。

任务 1.1　发 展 历 史

1.1.1　任务目标

通过学习本任务,了解数字测图近年来的发展历史、数字测图常用方法、GNSS 数字测图系统及无人机测绘技术的发展对数字测图带来的变革。

1.1.2　相关配套知识

传统的地形测量是利用测量仪器对地球表面局部区域内的各种地物、地貌特征点的空间位置进行测定，以一定的比例尺并按图式符号将其绘制在图纸上，即通常所称的白纸测图。这种测图方法的实质是图解法测图。在测图过程中，数字的精度由于刺点、绘图、图纸伸缩变形等因素的影响会大大降低，而且工序多、劳动强度大、质量管理难，也会对其造成较大的影响。在当今的信息时代，纸质地形图已难承载诸多图形信息，更新也极不方便，难以适应信息时代经济建设的需要。

伴随我国测绘事业的不断发展，测图仪器及成图技术正在朝着更精准、更快捷的方向不断进步；而高精度的全站仪、GNSS-RTK 技术、无人机测绘技术等先进的数字化测图方法，也使得测绘成图更加的数字化、自动化。数字测图实质上是一种机器辅助测图方法，在地形测量发展过程中这是一次根本性的技术变革。这种变革主要表现在：图解法测图的最终成果是地形图，图纸是地形信息的唯一载体；数字测图地形信息的载体是计算机的存储介质（磁盘或光盘），其提交的成果是可供计算机处理、远距离传输、多方共享的数字地形图数据文件，通过数控绘图仪可输出地形图。另外，利用数字地形图可生成电子地图和数字地面模型（DTM）。更具

测图发展史

深远意义的是，数字地形信息作为地理空间数据的基本信息之一，成为地理信息系统（GIS）的重要组成部分。

广义的数字测图主要包括：利用全站仪或其他测量仪器进行野外数字化测图；利用手扶数字化仪或扫描数字化仪对纸质地形图的数字化测图；利用航摄、遥感像片进行数字化测图等技术。利用上述技术将采集到的地形数据传输到计算机，由数字成图软件进行数据处理，经过编辑、图形处理生成数字地形图。

数字化成图起源于制图自动化。20 世纪 50 年代美国国防部制图局（DMA）开始研究制图自动化问题，这一研究同时推动了制图自动化配套设备的研制与开发。20 世纪 70 年代初，制图自动化已形成规模生产，美国、加拿大及欧洲各国在相关重要部门都建立了自动制图系统。当时的自动制图主要包括数字化仪、扫描仪、计算机及显示系统四个部分，其成图过程是：将地形图数字化，再由绘图仪在透明塑料片上回放出地形图，并与原始地形图叠置以修正错误。

目前，数字化测图已发展成极为普通的数字化和自动成图的方法。

在 20 世纪 80 年代，摄影测量经历了模拟法、解析法发展为数字摄影测量。数字摄影测量是把摄影所获得的影像进行数字化得到数字化影像，由计算机进行数字处理，从而提供数字地形图或专题图、数字地面模型等各种数字化产品。

大比例尺地面数字测图是 20 世纪 70 年代电子速测仪问世后发展起来的，80 年代初全站型电子速测仪的迅猛发展加速了数字测图的研究和应用。我国从 1983 年开始开展数字测图的研究工作。目前，数字测图技术在国内已趋成熟，它已作为主要的成图方法取代了传统的图解法测图，其发展过程大体上可分为两个阶段。

第一阶段主要利用全站仪采集数据，电子手簿记录，同时人工绘制标注测点点号的草图，到室内将测量数据直接由记录器传输到计算机，再由人工按草图编辑图形文件，并键入计算机自动成图，经人机交互编辑修改，最终生成数字地形图，由绘图仪绘制地形。这虽是数字测图发展的初级阶段，但人们看到了数字测图自动成图的美好前景。

　　第二阶段仍采用野外测记模式,但成图软件有了实质性的进展。一是开发了智能化的外业数据采集软件;二是计算机成图软件能直接对接收的地形信息数据进行处理。目前,国内利用全站仪配合便携式计算机或掌上电脑,以及直接利用全站仪内存的大比例尺地面数字测图方法已得到广泛应用。

　　20 世纪 90 年代出现了载波相位差分技术,又称 RTK 实时动态载波相位差分定位技术,这种测量模式是位于基准站(已知的基准点)的 GNSS 接收机通过数据链将其观测值及基准站坐标信息一起发给流动站的 GNSS 接收机,流动站不仅接收来自参考站的数据,还直接接收 GNSS 卫星发射的观测数据,组成相位差分观测值,进行实时处理,能够实时提供测点在指定坐标系的三维坐标成果,在 20 km 测程内可达到厘米级的测量精度。实时差分观测时间短,并能实时给出定位坐标。随着 RTK 技术的不断完善和更轻小型、价格更低廉的 RTK 模式 GNSS 接收机的出现,GNSS 数字测图系统在开阔地区成为地面数字测图的主要方法。

　　随着无人机飞控系统的完善和成熟,无人机已经在民用领域不断扩展应用范围,同时无人机技术已经逐渐渗透并深入融合到各个行业。无人机测绘技术是摄影测量与遥感的发展趋势之一,具有成本低、数据获取灵活、数据采集与处理快速等特点,这已经成为航测数据获取的一种重要方式和手段。在利用卫星和大飞机为航测平台的航空航天测量时,虽然能够获得符合要求的高分辨率影像,但是在某些地方受天气影响巨大,如多云、多雾天气影响数据获取。运用无人机航测平台的低空摄影能很好地发挥优势,避免不利因素,同时无人机摄影测量能够保持很好的现势性,在大比例尺地形图测绘中也有很高的实用价值,具有很广泛的应用。

任务1.2　比　例　尺

1.2.1　任务目标

　　比例尺是地图必不可少的要素,通过学习本任务,了解数字测图比例尺的定义、分类及比例尺精度的概念,能根据比例尺和比例尺精度,推算出测量地物时应精确到什么程度。

1.2.2　相关配套知识

　　1.地图的比例尺

　　地图上任一线段的长度与地面上相应线段水平距离之比,称为地图的比例尺。常见的比例尺表示形式有数字比例尺和图示比例尺两种。

　　(1)数字比例尺

　　以分子为 1 的分数形式表示的比例尺称为数字比例尺。设图上一条线段长为 d,相应的实地水平距离为 D,则该地图的比例尺为

$$\frac{d}{D}=\frac{1}{M} \tag{1-1}$$

式中,M 称为比例尺分母。比例尺的大小视分数值的大小而定,M 越大、比例尺越小;M 越小、比例尺越大。数字比例尺也可写成 1：500、1：1 000、1：2 000 等形式。

　　已知在比例尺为 1：1 000 的图上,量得两点间的长度为 2.8 cm,求其相应的水平距离。计算如下:

$$1\ 000 \times 0.028 = 28(m)$$

　　地形图按比例尺分为三类:1：500、1：1 000、1：2 000、1：5 000、1：10 000 为大比例尺

地形图;1:25 000、1:50 000、1:100 000 为中比例尺地形图;1:250 000、1:500 000、1:1 000 000 为小比例尺地形图。

（2）图示比例尺

最常见的图示比例尺是直线比例尺。用一定长度的线段表示图上的实际长度，并按图上比例尺计算出相应地面上的水平距离注记在线段上，这种比例尺称为直线比例尺。图 1-1 为 1:2 000 的直线比例尺，其基本单位为 2 cm。

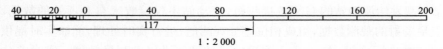

图 1-1　直线比例尺

直线比例尺多绘制在图幅下方处，具有随图纸同样伸缩的特点，故用它量取同一幅图上的距离时，在很大程度上减小了图纸伸缩变形带来的影响。直线比例尺使用方便，可直接读取基本单位的 1/10，估读到 1/100。为了提高估读的准确性，可采用称为复式比例尺（斜线比例尺）的另一种图示比例尺，以减少估读的误差。图 1-2 所示的复式比例尺可直接量取到基本单位的 1/100。

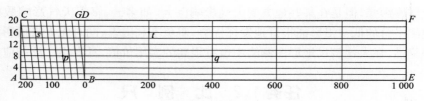

图 1-2　复式比例尺

2. 比例尺精度

测图用的比例尺越大，就越能表示出测区地面的详细情况，但测图所需的工作量也越大。因此，测图比例尺关系到实际需要、成图时间及测量费用。正常人的眼睛能分辨的最短距离一般取 0.1 mm，因此实地丈量地物边长，或丈量地物与地物间的距离，只需精确到按比例尺缩小后，相当于图上 0.1 mm 即可。在测量工作中称相当于图上 0.1 mm 的实地水平距离为比例尺精度。表 1-1 列出了几种比例尺地形图的比例尺精度。

地图比例尺

表 1-1　比例尺精度

比例尺	1:500	1:1 000	1:2 000	1:5 000	1:10 000
比例尺精度（m）	0.05	0.1	0.2	0.5	1.0

任务 1.3　地形图分幅与注记

1.3.1　任务目标

为便于测绘、印刷、保管、检索和使用，所有的地形图均需按规定的大小进行统一分幅后进行有系统的编号，并添加图廓和注记。通过学习本任务，了解数字测图中地形图分幅和编号的统一方法以及图廓和注记。

1.3.2 相关配套知识

地形图的分幅方法有两种：一种是按经纬线分幅的梯形分幅法；另一种是按坐标格网线分幅的矩形分幅法。前者用于国家基本比例尺地形图，后者用于工程建设大比例尺地形图。

1. 梯形分幅与编号

我国基本比例尺地形图（1∶100 万～1∶5 000）采用经纬线分幅，地形图图廓由经纬线构成。它们均以 1∶100 万地形图为基础，按规定的经差和纬差划分图幅，行列数和图幅数成简单的倍数关系。

经纬线分幅的主要优点是每个图幅都有明确的地理位置概念，适用于较大范围的地图分幅；其缺点是图幅拼接不方便，随着纬度的升高，相同经纬差所限定的图幅面积不断缩小，不利于有效地利用纸张和印刷机版面；此外，经纬线分幅还经常会破坏重要地物的完整性点。

（1）20 世纪 70～80 年代我国基本比例尺地形图的分幅与编号

①1∶100 万比例尺地形图的分幅与编号

1∶100 万比例尺地形图的分幅与编号是采用国际标准分幅的经差 6°、纬差 4°为一幅图。从赤道起向北或向南至纬度 88°止，按纬差每 4°划作一横列，共划分为 22 个横列，依次用 A，B，…，V 表示；从经度 180°起向东按经差每 6°划作一纵行，全球共划分为 60 个纵行，依次用 1，2，…，60 表示。

每幅图的编号由该图幅所在的"列号-行号"组成。例如，北京某地的经度为 116°26′08″、纬度为 39°55′20″，所在 1∶100 万比例尺地形图的编号为 J-50。

②1∶50 万、1∶25 万、1∶10 万比例尺地形图的分幅与编号（图 1-3）

1∶50 万、1∶25 万、1∶10 万比例尺地形图都是在 1∶100 万地形图的基础上进行分幅编号的。一幅 1∶100 万的图可划分为 4 幅 1∶50 万的图，分别以代码 A、B、C、D 表示。将1∶100 万图幅的编号加上代码，即为该代码图幅的编号，例 1∶50 万图幅的编号为 J-50-A。

一幅 1∶100 万的图可划分为 16 幅 1∶25 万的图，分别用代码[1]，[2]，…，[16]表示。将 1∶100 万图幅的编号加上代码，即为该代码图幅的编号，例 1∶25 万图幅的编号为 J-50-[1]。

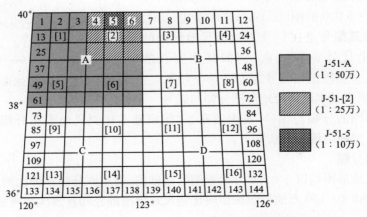

图 1-3　1∶50 万、1∶25 万、1∶10 万比例尺地形图的分幅与编号

一幅 1：100 万的图,可划分为 144 幅 1：10 万的图,分别用代码 1,2,…,144 表示。将 1：100 万图幅的编号加上代码,即为该代码图幅的编号,例 1：10 万图幅的编号为 J-50-1。

③1：5 万、1：2.5 万、1：1 万比例尺地形图的分幅与编号

这三种比例尺地形图的分幅和编号是在 1：10 万比例尺地形图的基础上进行的,如图 1-4 所示。

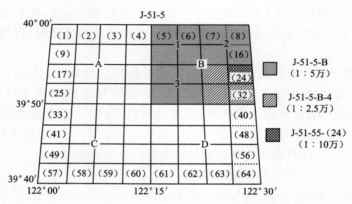

图 1-4　1：5 万、1：2.5 万、1：1 万比例尺地形图的分幅与编号

每幅 1：10 万比例尺地形图可划分为 4 幅 1：5 万比例尺地形图,分别以 A、B、C、D 表示;其编号是由 1：10 万比例尺地形图的编号后加上各自的代号所组成。例如,某地所在 1：5 万比例尺地形图的编号为 J-51-5-B。

每幅 1：5 万比例尺地形图可划分为 4 幅 1：2.5 万比例尺地形图,分别以数字 1、2、3、4 表示;其编号是由 1：5 万比例尺地形图的编号后加上 1：2.5 万比例尺地形图各自的代号所组成,如 J-51-5-B-4。

每幅 1：10 万比例尺地形图可划分为 8 行、8 列,共 64 幅 1：1 万比例尺地形图,分别以 (1),(2),(3),…,(64)表示;其纬差是 2′30″,经差是 3′45″,编号由 1：10 万比例尺地形图图号 之后加上各自代号所组成,如 J-51-5-(24)。

④1：5 000 比例尺地形图的分幅与编号

1：5 000 比例尺地形图是在 1：1 万比例尺地形图的基础上进行分幅与编号。每幅 1：1 万比例尺地形图分成 4 幅 1：5 000 的图(图 1-5);其纬差为 1′15″、经差为 1′52.5″;其编号是在 1：1 万比例尺地形图的图号后分别加上代号 a、b、c、d。例如某地所在的 1：5 000 比例尺地形图图幅编号为 J-51-5-(24)-b。

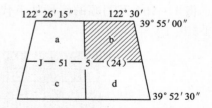

图 1-5　1：5 000 地形图分幅与编号

(2)现行的国家基本比例尺地形图分幅与编号

为统一地形图的分幅与编号,我国颁布了《国家基本比例尺地形图分幅和编号》(GB/T 13989—2012)。分幅与编号方法如下:

①地形图的分幅

各种比例尺地形图均以 1：100 万地形图为基础图,沿用原分幅各种比例尺地形图的经纬 差(表 1-2),全部由 1：100 万地形图按相应比例尺地形图的经纬差逐次加密划分图幅,以横为 行、纵为列。

表 1-2　基本比例尺地形图图幅范围及相互间的数量关系

比例尺		1：100 万	1：50 万	1：25 万	1：10 万	1：5 万	1：2.5 万	1：1 万	1：5 000
图幅范围	经差	6°	3°	1°30′	30′	15′	7′30″	3′45″	1′52.5″
	纬差	4°	2°	1°	20′	10′	5′	2′30″	1′15″
行列数量关系	行数	1	2	4	12	24	48	96	192
	列数	1	2	4	12	24	48	96	192
图幅数量关系		1	4	16	144	576	2 304	9 216	36 864

②地形图的编号

a.1：100 万地形图新的编号方法,除行号与列号改为连写外,没有任何变化,如北京所在的 1：100 万地形图的图号由 J-50 改写为 J50。

b.1：50 万至 1：5 000 地形图的编号,均以 1：100 万地形图编号为基础,采用行列式编号法,将 1：100 万地形图按所含各种比例尺地形图的经纬差划分成相应的行和列,横行自上而下、纵列从左到右,按顺序均用阿拉伯数字编号,皆用 3 位数字表示,凡不足 3 位数的,则在其前补 0。

各大中比例尺地形图的图号均由五个元素 10 位码构成。从左向右,第一元素 1 位码,为 1：100 万图幅行号字符码;第二元素 2 位码,为 1：100 万图幅列号数字码;第三元素 1 位码,为编号地形图相应比例尺的字符代码;第四元素 3 位码,为编号地形图图幅行号数字码;第五元素 3 位码,为编号地形图图幅列号数字码;各元素之间要连续书写,不允许插入空格等其他连接符,如图 1-6 所示。比例尺代码见表 1-3。

表 1-3　比例尺代码表

比例尺	1：50 万	1：25 万	1：10 万	1：5 万	1：2.5 万	1：1 万	1：5 000
代码	B	C	D	E	F	G	H

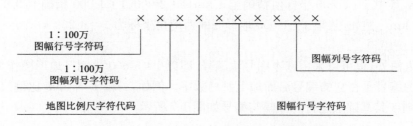

图 1-6　1：5 000～1：50 万比例尺地形图编号构成

新分幅编号系统的主要优点是编码系列统一于一个根部,编码长度相同,便于计算机处理。

③新编号系统的应用

a.已知某地地理坐标 (x,y),则按下列程序计算其所在某比例尺地形图的图号。

按式(1-2)求出基础图 1：100 万图幅的图号:

$$a=[\varphi/4°]+1$$
$$b=[\lambda/6°]+1$$

（1-2）

其中 φ 表示纬度, λ 表示经度, [ ] 为商取整符号,如 9.3 则取 9; a 表示行号、b 表示列号。

我国疆域位于东半球,故纵列号大于 30,将式(1-2)改写为

$$a=[\varphi/4°]+1 \tag{1-3}$$
$$b=[\lambda/6°]+31$$

ⓐ按式(1-4)计算所求图号的地形图在基础图幅内所处的行号和列号:

$$c=4°/\Delta\varphi-[(\varphi/4°)/\Delta\varphi] \tag{1-4}$$
$$d=[(\lambda/6°)/\Delta\lambda]+1$$

其中 $\Delta\varphi$、$\Delta\lambda$ 表示所求图号的地形图图幅的纬差与经差,c 表示行号、d 表示列号。

备注:其中[ ]为商取整符号,( )表示求余数,如 $(39°22'30''/4°)=3°22'30''$。

ⓑ计算的结果引入欲求图号地形图的比例尺代码,按图号构成规律,写出所求的图号。

如北京某地的地理坐标为 $(114°33'45'',39°22'30'')$,则该地所在 1∶10 万地形图的图号为 J50D002002。

b. 由已知的图号,按公式(1-5)计算该图幅的左上角点的经纬度。

$$\varphi=4°\times a-(c-1)\times\Delta\varphi \tag{1-5}$$
$$\lambda=(b-31)\times6°+(d-1)\times\Delta\lambda$$

其中,φ、λ 表示左上角点的纬度与经度,a、b 表示已知图号地形图基础图幅的行号与列号;$\Delta\varphi$、$\Delta\lambda$ 表示已知比例尺地形图图幅的纬差与经差;c、d 表示地形图幅在基础图 1∶100 万比例尺图幅内位于的行号与列号。

中小比例尺地形图分幅与编号

2. 坐标格网正方形(矩形)分幅法

为了适应各种工程设计和施工的需要,对于大比例尺地形图,大多按纵横坐标格网线进行等间距分幅,即采用正方形分幅与编号方法。1∶500、1∶1 000、1∶2 000 比例尺地形图一般采用 50 cm×50 cm 正方形分幅和 40 cm×50 cm 矩形分幅,根据需要也可采用其他规格分幅。

图幅的编号一般采用坐标编号法。由图幅西南角纵坐标 x 和横坐标 y 组成编号,坐标值单位均为 km,其中 1∶5 000 坐标值精确至 1 km,1∶2 000、1∶1 000 精确至 0.1 km,1∶500 精确至 0.01 km。例如,某幅 1∶1 000 地形图的西南角坐标为 $x=6\ 230$ km、$y=10$ km,则其编号为 6230.0-10.0。

除上述方法外,也可以采用基本图号法编号,即以 1∶5 000 比例尺地形图作为基础,较大比例尺图幅的编号是在它的编号后面加上罗马数字。例如,一幅 1∶5 000 比例尺地形图的编号为 20-60,则在其基础上进行的分幅与编号如图 1-7 所示。

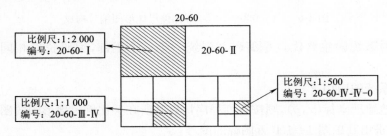

图 1-7　1∶5 000 比例尺地形图基本图号法的分幅与编号

正方形或矩形分幅的地形图的图幅编号,一般采用图廓西南角坐标公里数编号法,也可选

用流水编号法和行列编号法。

（1）采用图廓西南角坐标公里数编号时，x 坐标公里数在前，y 坐标公里数在后；1∶500 地形图取至 0.01 km（如 10.40-27.75），1∶1 000、1∶2 000 地形图取至 0.1 km（如 10.0-21.0）。

（2）带状测区或小面积测区可按测区统一顺序编号，一般从左到右、从上到下用阿拉伯数字 1，2，3，4…编定，如图 1-8 中的××-8（××为测区代号）。

（3）行列编号法一般以字母（如 ABCD）为代号的横行由上到下排列，以阿拉伯数字为代号的纵列从左到右排列来编定的；先行后列，如图 1-9 中的 A-4。

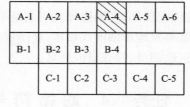

图 1-8　　××-8

图 1-9　　A-4

大比例尺地形图分幅与编号

1∶2 000 地形图可以 1∶5 000 地形图为基础，按经差 37.5、纬差 25 进行分幅（图 1-10），其图幅编号以 1∶5 000 地形图图幅编号分别加短线，再加顺序号 1、2、3、4、5、6、7、8、9 表示，如 H49H192097-5。

3.图廓及图廓外注记

每一幅图的边界线称为图廓。图廓有内图廓和外图廓，内图廓用细线描绘，是本幅图的边界线，也是坐标格网线。以内图廓边界线上的短线和图幅内的十字为坐标格网线，内、外图廓线之间注有图廓线坐标值，以 km 为单位。外图廓用粗实线描绘，是整饰范围线，如图 1-11 所示。

图 1-10　　H49H192097-5

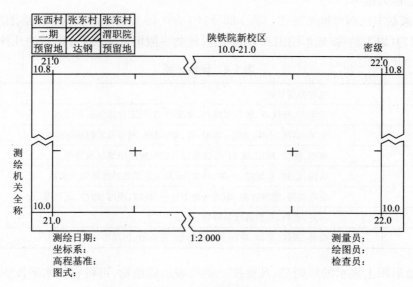

图 1-11　　图廓注记

（1）图名与图号

每一幅图的名称简称为图名，以图幅内最主要的地名、单位和行政名称命名。如图 1-12 所示，图名为"陕铁院新校区"，图号即为上述分幅编号 10.0-21.0，图名和图号注记在图廓上方正中位置。

（2）邻接图表

在图幅左上角绘有邻接图表，说明本幅图与相邻图幅的关系，便于索取和拼接相邻图幅。中间绘有斜线的代表本幅图，周边邻接图幅以图名或图号注出，如图 1-12 所示。

（3）其他注记

右上角密级，注明图纸的保密级别，左图廓外注明测绘单位，左下角注记测绘日期、采用坐标系统、高程基准及地形图图式版本；在图廓外正下方注记本幅图比例尺；右下角注明测量员、绘图员、检查员的姓名。

图廓和图廓
外注记

任务1.4　地物符号

1.4.1　任务目标

通过学习本任务，了解地物符号的分类，学习典型地物符号的表示方法，为地形图的测绘及判读打好基础。

1.4.2　相关配套知识

地球表面上复杂多样的物体和千姿百态的地表形状，在测量工作中可概括为地物和地貌。地物即地球表面自然形成或人工修建的具有明显轮廓的固定性物体，如河流、湖泊、道路、房屋和植被等；地貌是指高低起伏、倾斜缓急的地表形态，如山地、谷地、凹地、陡壁和悬崖等。地物与地貌一起总称为地形。

按照《国家基本比例尺地图图式　第 1 部分：1∶500 1∶1 000 1∶2 000 地形图图式》（GB/T 20257.1—2017）（以下简称《地形图图式》）的规定，地物一般可分为表 1-4 所示的几种类型。

表 1-4　地物分类

地物类型	地物类型举例
定位基础	三角点、导线点、埋石图根点、水准点、卫星定位连续运行站点
水系	江河、运河、沟渠、湖泊、池塘、井、泉、堤坝、闸等及其附属建筑物
居民地及设施	城市、集镇、村庄、窑洞、蒙古包以及居民地的附属建筑物等
交通	铁路、公路、乡村路、小路、桥梁、涵洞以及其他道路附属建筑物
管线	输电线路、通信线路、地面与地下管道、城墙、围墙、栅栏、篱笆等
境界	国界、省界、县界及其界碑等
植被与土质	森林、果园、菜园、耕地、草地、沙地、石块地、沼泽等

地物在地形图上表示的原则是：凡能按比例尺表示的地物，可将它们水平投影位置的几何形状依照比例尺描绘在地形图上，如房屋、双线河等，或将其边界位置按比例尺表示在图上，边界内绘上相应的符号，如果园、森林、耕地等；不能按比例尺表示的地物，在地形图上是用相应

的地物符号表示在地物的中心位置上,如水塔、烟囱、纪念碑等;凡是长度能按比例尺表示,而宽度不能按比例尺表示的地物,则其长度按比例尺表示,宽度以相应符号表示。

地物测绘必须根据规定的比例尺,按规范和图式的要求进行综合取舍,将各种地物表示在地形图上。

1. 地物符号

地物的类别、形状、大小及其在图上的位置,是用地物符号表示的。根据地物的大小及描绘方法不同,地物符号可被分为比例符号、半比例符号、非比例符号及地物注记。

(1)比例符号

凡按照比例尺能将地物轮廓缩绘在图上的符号称为比例符号,如房屋、江河、湖泊、森林、果园等。这些符号与地面上实际地物的形状相似,可以在图上量测地物的面积。

当用比例符号仅能表示地物的形状和大小,而不能表示出其类别时,应在轮廓内加绘相应的符号,以指明其地物类别。

(2)半比例符号

凡长度可按比例尺缩绘,而宽度不能按比例尺缩绘的狭长地物符号,称为半比例符号,也称线性符号,如道路、河流、通信线以及管道等。半比例符号的中心线即为实际地物的中心线,这种符号可以在图上量测地物的长度,但不能量测其宽度。

(3)非比例符号

当地物的轮廓很小或无轮廓,以致不能按测图比例尺缩小,但因其重要性又必须表示时,可不管其实际尺寸,均用规定的符号表示。这类地物符号称为非比例符号,如测量控制点、独立树、里程碑、钻孔、烟囱等。这种地物符号和有些比例符号随着比例尺的不同是可以相互转化的。

非比例符号不仅其形状和大小不能按比例尺去描绘,而且符号的中心位置与该地物实地中心的位置关系也将随各类地物符号的不同而不同,其定位点规则如下:

①圆形、正方形、三角形等几何图形的符号(如三角点等)的几何中心即代表对应地物的中心位置[表 1-5(a)];

②符号(如水塔等)底线的中心,即为相应地物的中心位置[表 1-5(b)];

③底部为直角形的符号(如独立树等),其底部直角顶点,即为相应地物中心的位置[表 1-5(c)];

④几种几何图形组成的符号(如旗杆等)的下方图形的中心,即为相应地物的中心位置[表 1-5(d)];

⑤下方没有底线的符号(如窑洞等)的下方两端点的中心点,即为对应地物的中心位置[表 1-5(e)]。

表 1-5 非比例符号示例

凤凰山 394.468 m				
(a)三角点	(b)水塔	(c)独立树	(d)旗杆	(e)窑洞

地物注记是指用文字、数字等对地物的性质、名称、种类或数量等在图上的说明。地物注

记可分为如下三类：

①地理名称注记。如居民点、山脉、河流、湖泊、水库、铁路、公路和行政区的名称等均需用各种不同大小、不同字体进行注记说明。

②说明文字注记。在地形图上为了表示地物的实质或某种重要特征，可用文字说明进行注记。如咸水井除用水井符号表示外，还应加注“咸”字说明其水质；石油井、天然气井等其符号相同，必须在符号旁加注“油”“气”以示区别。

③数字注记。在地形图上为了补充说明被描绘地物的数量和地物的特征，可用数字进行注记。如三角点的注记，其分子是点名或点号，其分母的数字表示三角点的高程。

在地形图上对于某个具体地物的表示，是采用比例符号还是非比例符号，主要由测图比例尺和地物的大小而定，在《地形图图式》中有明确规定。但一般而言，测图比例尺越大，用比例符号描绘的地物就越多；相反，比例尺越小，用非比例符号表示的地物就越多。随着比例尺的增大，说明文字注记和数字注记的数量也相应增加。

地物及地物符号分类

2. 典型地物符号表示（表 1-6）

表 1-6　常见地物符号示例

编号	符号名称	图例	编号	符号名称	图例
1	单幢房屋 a—一般房屋 b—有地下室的房屋 c—突出房屋 d—简易房屋 混、钢—房屋结构 1、3、28—房屋层数 -2—地下房屋层数	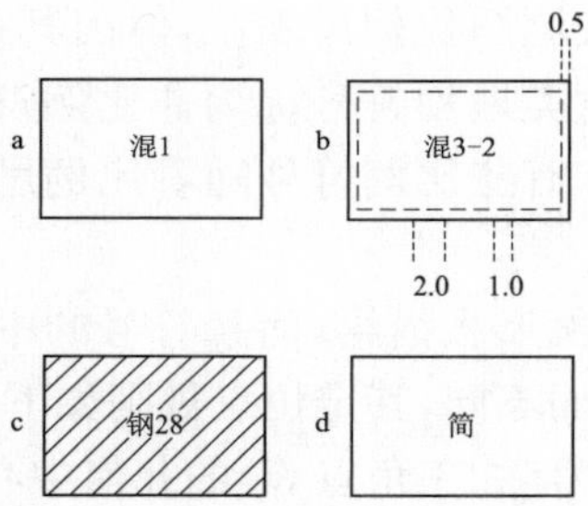a 混1 b 混3-2 0.5 2.0 1.0 c 钢28 d 简	5	围墙 a—依比例的 b—不依比例的	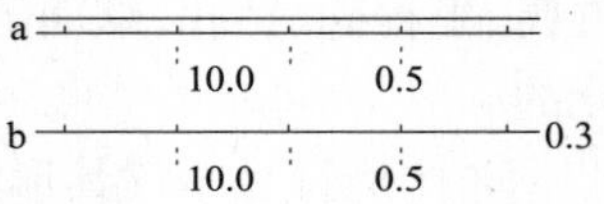a 10.0 0.5 b 0.3 10.0 0.5
2	建筑中的房屋	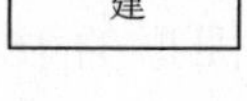建	6	地类界	1.6 0.3
3	地面河流 a—岸线 b—高水位岸线 c—突出房屋 清江—河流名称	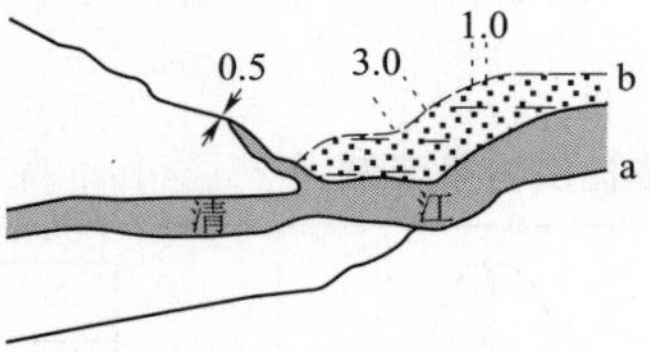0.5 3.0 1.0 b a 清 江	7	台阶	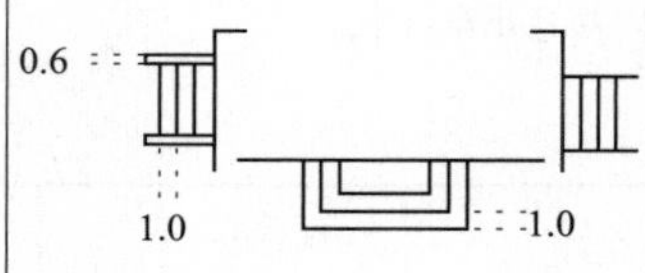0.6 1.0 1.0
4	古迹、遗址 a—古迹 b—遗址	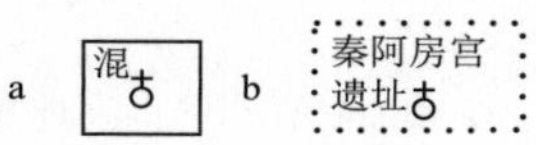a 混 b 秦阿房宫 遗址	8	院门 a—围墙门 b—有门房的	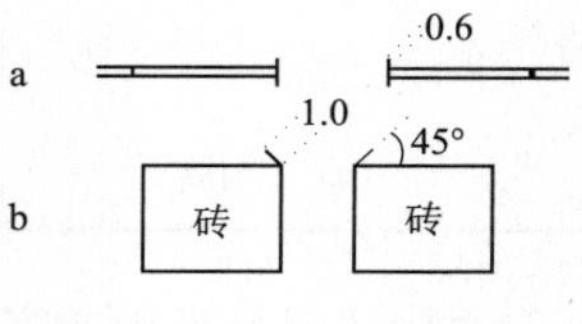0.6 a 1.0 45° b 砖 砖

编号	符号名称	图例	编号	符号名称	图例
9	路灯		16	棚房 a—四边有墙的 b—一边有墙的 c—无墙的	a ... 1.0 b ... 1.0 c ... 1.0 1.0 0.5
10	假山石		17	破坏房屋	破 2.0 1.0
11	阶梯路	1.0	18	沟堑 a—已加固的 b—未加固的 2.6—比高	a 2.6 b
12	标准化铁路 a——一般的 b—电气化的 b1—电杆 c—建筑中的	0.2 10.0 a 0.4 0.6 8.0 b b1 :1.0 2.0 c 8.0	19	亭 a—依比例的 b—不依比例的	a 企 2.0 1.0 b 2.4企
13	国道 a——一级公路 a1—隔离设施 a2—隔离带 b—二至四级公路 c—建筑中的	0.3 a1 a2 a 0.3 ①（G305） 0.3 b ②（G301） 0.3 c 0.3 3.0 20.0	20	栅栏、栏杆	10.0 1.0
14	街道 a—主干路 b—次干路 c—支路	a 0.35 b 0.25 c 0.15	21	阳台	砖5 2.0 1.0
15	荒草地	0.6 10.0 10.0	22	室外楼梯	混凝土8 a

续表

编号	符号名称	图例	编号	符号名称	图例
23	门墩 a—依比例的 b—不依比例的	a ▭ ▭ 1.0 b ▬ ▬	27	高速公路 a—临时停车点 b—隔离带 c—建筑中的	0.4 a 0.4 b Ⅱ Ⅱ ◎ Ⅱ Ⅱ 0.4 c 3.0　25.0
24	宣传橱窗、广告牌 a—双柱或多柱的 b—单柱的	a 1.0 ▭ 2.0 b 3.0 ⊓	28	省道 a—一级公路 a1—隔离设施 a2—隔离带 b—二至四级公路 c—建筑中的	0.3 a1 a2 a 0.3 ①（S305） 0.3 b ②（S301） 0.3 c 15.0
25	避雷针	30° 3.6 ⊥ 1.0 1.0	29	内部道路	1.0 1.0
26	机耕路（大路）	8.0　2.0 0.2	30	花圃、花坛	1.5 1.5　10.0　10.0

注：表中数值单位为 mm。

任务 1.5　地貌符号

1.5.1　任务目标

通过学习本任务，了解典型地貌的表示方法，为地形图的地貌绘制及判读打好基础。

1.5.2　相关配套知识

地貌是地球表面上高低起伏的总称，是地形图上主要的要素之一。在地形图上，表示地貌的方法很多，目前常用的是等高线法。对于等高线不能表示或不能单独表示的地貌，通常配以地貌符号和地貌注记来表示。

1. 等高线的概念

等高线指的是地形图上高程相等的相邻各点所连成的闭合曲线。把地面上海拔高度相同的点连成闭合曲线，并垂直投影到一个水平面上，并按比例缩绘在图纸上，就可以得到等高线。等高线也可以看作是不同海拔高度的水平面与实际地面的交线，所以等高线是闭合曲线，如图 1-12 所示。在等高线上标注的数字为该等高线的海拔。

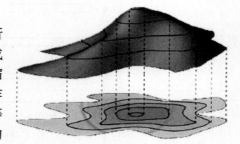

图 1-12　等高线表示地貌的原理

地形图上相邻两高程不同的等高线之间的高差,称为等高距。在同一幅地形图中,等高距越小则图上等高线越密,地貌显示就越详细、越确切。等高距越大则图上等高线越稀,地貌显示就越粗略。

值得注意的是,我们并不能由此得出结论,认为等高距越小越好。事物总是一分为二的,如果等高距很小,等高线非常密,不仅影响地形图图面的清晰,而且使用也不便,同时使测绘工作量大大增加。因此,等高距的选择必须根据地形高低起伏程度、测图比例尺的大小和使用地形图的目的等因素来决定。

地形图上相邻等高线间的水平间距称为等高线平距。由于同一地形图上的等高距相同,故等高线平距的大小与地面坡度的陡缓有着直接的关系。

由等高线的原理可知,盆地和山头的等高线在外形上非常相似。图 1-13(a)所表示的为盆地地貌的等高线,图 1-13(b)所表示的为山头地貌的等高线,它们之间的区别在于:山头地貌里面的等高线高程大,盆地地貌里面的等高线高程小。为了便于区别这两种地貌,就在某些等高线的斜坡下降方向绘一短线来表示坡向,并把这种短线称为示坡线。盆地的示坡线一般选择在最高、最低两条等高线上表示,能明显地表示出坡度方向即可。山头的示坡线仅表示在高程最大的等高线上。

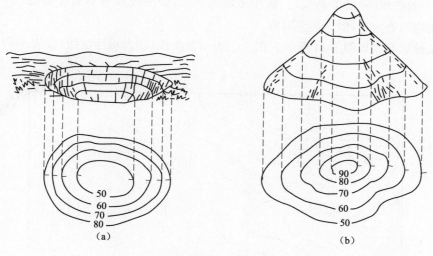

图 1-13 示坡线

等高线具有以下特点:

(1)位于同一等高线上的地面点,高程相同,但高程相同的点不一定位于同一条等高线上。

(2)在同一幅图内,除了悬崖以外,不同高程的等高线不能相交。

(3)在图廓内相邻等高线的高差一般是相同的,因此地面坡度与等高线之间的等高线平距成反比,等高线平距愈小、等高线排列越密,说明地面坡度越大;等高线平距愈大、等高线排列越稀,则说明地面坡度愈小。

(4)等高线是一条闭合曲线,如果不能在同一幅内闭合则必在相邻或者其他图幅内闭合。

(5)等高线经过山脊或山谷时改变方向,因此,山脊线或者山谷线应垂直于等高线转折点处的切线,即等高线与山脊线或者山谷线正交。

2. 等高线的分类

为了更好地表示地貌特征,便于识图用图,地形图上主要采用下列四种等高线:

(1)首曲线

按规定的等高距(基本等高距)描绘的等高线称为首曲线,亦称基本等高线,用细实线描绘。

(2)计曲线

在基本等高线中,其高程能被 5 倍等高距整除的高程的等高线称为计曲线(加粗等高线),并将其加粗,在适当的位置断开,同时注记该条等高线的高程值;其目的是为了计算高程方便。

(3)间曲线

按二分之一基本等高距内插描绘的等高线称为间曲线(又称为半距等高线),一般用长虚线表示,目的是为了显示基本等高线不能显示的微型地貌特征。在平地当基本等高线间距过大时,可加绘间曲线。间曲线可不闭合而绘至坡度变化均匀处为止,但一般应对称。

(4)助曲线

当间曲线仍不足以显示某些微型地貌特征时,还可加绘四分之一等高距的等高线,称为助曲线(辅助等高线)。常用短虚线表示,助曲线亦可不闭合而绘至坡度变化均匀处为止,但一般应对称。

等高线定义
及特性

以上几种等高线如图 1-14 所示。图中①表示首曲线;②表示计曲线;③表示间曲线;④表示助曲线。

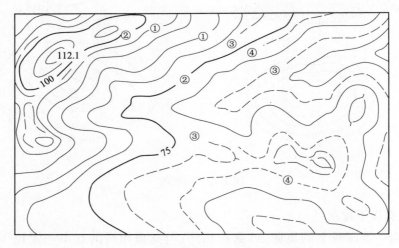

图 1-14　等高线分类示意图

3. 典型地貌符号表示

地貌虽然千姿百态、千奇百怪,但归纳起来不外乎有山顶、山脊、山谷、鞍部、盆地等几种基本地形特征,如图 1-15 所示。地球表面的形状虽千差万别,但实际上都可以看作是一个不规则的曲面。这些曲面是由不同方向和不同倾斜的平面所组成,两相邻倾斜面的交线称其为棱线,山脊线和山谷线都是棱线,也称为地貌特征线,如果将这些棱线特征点的高程及平面位置测定,则棱线的方向和坡度也就确定了。

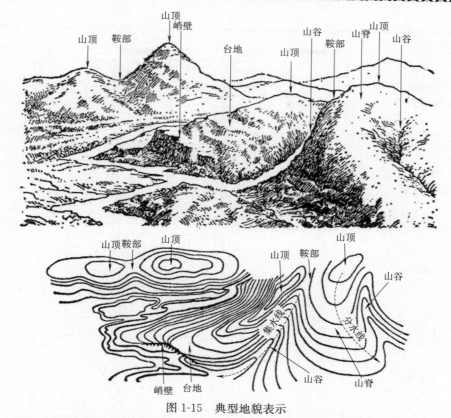

图 1-15 典型地貌表示

（1）山顶：较四周显著凸起的高地称为山地，高大的称为山、矮小的称为丘。山的最高部分为山顶，尖的山顶称为山峰，山侧面斜坡称为山坡。倾斜度在 70° 以上的山坡为陡坡，几乎成竖直形态的称为峭壁（绝壁）。下部凹入的峭壁为悬崖，山坡与平地相交处为山脚。

（2）山脊：两山坡之间呈线状延伸的高地称为山脊。山脊最高处的连线称为分水线（或山脊线）。

（3）山谷：两山脊之间的凹入地带称为山谷。两侧山坡称谷坡，两谷坡相交部分称为谷底。谷底最低点连线称为合水线（或山谷线）。谷地与平地相交处称为谷口。

（4）鞍部：两个山顶之间的低洼山脊处，形状似马鞍形，称为鞍部。

（5）盆地：四周高中间低的地带称为盆地，最低处称为盆底。

除了用等高线表示的地貌以外，有些特殊地貌如冲沟、砂崩崖、土崩崖、陡崖、滑坡等不能用等高线表示。对于这些地貌，用测绘地物的方法测绘出这些地貌的轮廓、位置，用地形图图式规定的符号表示，表 1-7 列出了部分特殊地貌符号。

典型地貌

表 1-7 特殊地貌符号示例

符号名称	符号式样
冲沟	

符号名称	符号式样
a—土质的陡崖、陡坎 b—石质的陡崖、陡坎	
a—沙土崩崖 b—石崩崖	
a—露岩地 b—陡石山	
梯田坎	
泥石流	
滑坡	

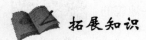

拓展知识

我国地图的发展史

地图的发展历史载录了人类对客观环境的认识,也反映了不同历史时期社会生产力和科学技术的发展水平。地图在长期的历史发展中,逐渐充实和完善起来。根据各个时期地图及其制作特点,可以将我国地图发展历史划分为古代、近代和现代三个阶段。

1. 古代地图

中国有记载的最古老地图是 4 000 年前夏禹的九鼎,鼎上除了铸有各种图画外,还有表示山川的原始地图。已保存下来的最古老的地图是河南安阳出土的《田猎图》和云南发现的巨幅崖画《村圩图》，距今已有 3 500 年历史。

　　公元前 11 世纪，周成王决定在洛河流域建洛邑，《尚书》中《洛诰》里就记述了为修建洛邑绘制的洛邑城址地图，它是我国地图史上第一幅具有实际用途的城市建设地图。由于地图有明确疆域田界的作用，所以地图是统治阶级封邦建国、管理土地必不可少的工具。

　　春秋战国时期战争频繁，地图成为军事活动不可缺少的工具。《管子·地图篇》对当时地图的内容和地图在战争中的作用进行了较详细的论述，是中国最早的地图专篇，指出"凡兵主者，要先审之地图"，精辟阐述了地图的重要性。《战国策·赵策》中记有"臣窃以天下地图案之，诸侯之地，五倍于秦"，表明当时的地图已具有按比例缩小的概念。《战国策·燕策》中关于荆轲用献督亢地图（即割地）去接近秦王，"图穷而匕首见"的记述，说明秦代地图在政治上象征着国家领土及主权。

　　在我国存留的地图中，年代最早的当属 20 世纪 80 年代在甘肃天水放马滩 1 号秦墓中发现的战国秦时期，均用墨线绘在 4 块大小基本相同（长 26.7 cm、宽 18.1 cm、厚 1.1 cm）的松木板上的 7 幅《圭县地图》。按其用途可分为《政区图》《地形图》和《林木资源图》。在这几幅图上，绘有山川、河流、居民点、城邑，地图中有关地名、河流、山脉及森林资源的注记有 82 处之多，且有相距里程和方位，比例尺约为 1∶30 万，图中标明的各种林木，蓟、柏、楠、松等，同现今渭水地区的植物分布和自然环境基本相同，现今渭水支流以及该地区的许多峡谷在地图中都可以找到，可见，这些地图是相当准确的实测图。

　　1973 年湖南长沙马王堆 3 号汉墓出土 3 幅西汉初年地图，一幅为地形图、一幅为驻军图、另一幅为城邑图。这三幅地图中，《地形图》和《驻军图》已基本复原，《城邑图》由于破损严重，至今没有复原。《地形图》是世界上现存最早的以实测为基础的古地图（图 1-16）。图的方位是上南下北，长宽各为 98 cm 的正方形，描述的是西汉初年的长沙国南部，今湘江上游第一大支流潇水流域、南岭、九嶷山及其附近地区，内容包括山脉、河流、聚落、道路等，用闭合曲线表示山体轮廓，以高低不等的 9 根柱状符号表示九嶷山的 9 座不同高度的山峰，有 80 多个居民点、20 多条道路、30 多条河流。另外两幅是表示在地理基础上的 9 支驻军的布防位置及其名称的《驻军图》（图 1-17）和表示城垣、城门、城楼、城区街道、宫殿建筑等内容的《城邑图》。马王堆汉墓出土的这 3 幅地图制图时间之早、内容之丰富、精确度之高、制图水平和使用价值之高令人惊叹，堪称极品。

图 1-16　马王堆 3 号汉墓出土地形图

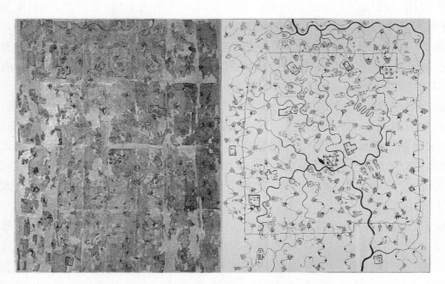

图 1-17　马王堆 3 号汉墓出土驻军图及复原图

　　古代地图制图学的主导理论为"制图六体"和"计里画方"。西晋时,著名的地理学家、制图理论家裴秀,堪称"中国科学制图学之父"。他以古时《禹贡》为依据,对山岳、湖泊、河道、高原、平原、坡地、沼泽、古代九州的范围以及当时十六州都作了核查,绘制了中国第一部地图集——十八幅《禹贡地域图》。他提出了六项制图原则,即有名的"制图六体":分率、准望、道里、高下、方邪、迂直。值得一提的是,裴秀及以后的地图学家还运用了"计里画方"的原则,这成为中国古代和近代地图制图的基本方法和数学基础,是中国古代地图独立发展的重要标志。

　　清代康熙年间,清政府聘请了大量的外籍人士,采用天文和大地测量方法在全国测算 630 个点的经纬度,并测绘大面积的地图,制成《皇舆全览图》,实为按省分幅的 32 幅地图,是中国第一部实测全国地图,采用经纬差各 1°的梯形经纬网格,详细地表示了地形、水系、居民地及其汉字名称,并在边疆地区加注满文。1717 年成图,1719 年制成铜版,52.5 cm×77 cm 共 41 幅,比例尺为 1∶140 万,现藏于北京图书馆。乾隆年间,在此基础上,增加了新疆、西藏新的测绘资料,编制成《乾隆内府地图》。清代完成了我国地图从计里画方到经纬度制图方法的转变,是地图制作历史上一次大的进步。清末魏源(1794—1859 年)采用经纬度制图方法编制了一部世界地图集《海国图志》。该图集有 74 幅地图,选用了多种地图投影,是制图方法转变的标志。杨守敬(1839—1915 年)编制的《历年舆地沿革险要图》共 70 幅,是我国历史沿革地图史上的旷世之作,后来成为《中华人民共和国大地图集》中历史地图集的基本资料。1863 年胡林翼主纂、邹世治、顾丰斋运用计里画方古法和经纬度制图新法,编制成《大清一统舆图》,因涉外,又称《皇朝中外一统舆图》,为应用最广泛的古代地图。

　　2. 近代地图

　　中国是世界上最早有地图的国家之一。历史上出现过一些著名的地理学家,产生过一批很有水平的地图作品。只是到了近代,由于外来的侵略及内部的政治腐败,国势日衰,没有统一的大地坐标系统和水准联测,没有完善的制图作业规范,地图制图技术才落后于西方国家。

　　辛亥革命后,南京临时政府于 1912 年设陆地测量总局,实施地形图测图和制图业务。到 1928 年,全国新测 1∶25 万比例尺地形图 400 多幅,1∶5 万比例尺地形图 3 595 幅,在清代全国舆地图的基础上调查补充,完成 1:10 万和 1:20 万比例尺地形图 3 883 幅,并于 1923—1924 年编绘完成全国 1:100 万比例尺地形图 96 幅。除了军事部门以外,水利、铁道、地政等部门的测绘业务也有所发展,均测制了一些相关地图。到 1948 年止,全国共测制 1:5 万比例尺地形图 8 000 幅。另外,于 1930—1938 年、1943—1948 年先后两次重编了 1:100 万比例尺地图。在地图集编制方面,1934 年由上海申报馆出版的《中华民国新地图》,采用等高线加分层设色表示地貌,铜凹版印刷,在我国地图集的历史上具有划时代的意义。

在第二次国内革命战争时期,红军总部就设有地图科,随军搜集地图资料并作一些简易测图和标图。长征前夕,地图科为主力红军制作了江西南部 1:10 万比例尺地形图;过雪山、草地时绘制了"1:1 万宿营路线图"。解放战争时期,地图使用已十分广泛,各野战军都设有制图科,随军做了大量的地图保障工作。如 1948 年平津战役前夕,编制了北平西部航摄像片图和天津、保定驻军城防工事图,为解放战争胜利作出了贡献。

3. 现代地图

中华人民共和国成立后,随着经济建设、国防建设及科学文化事业的迅速发展,我国的地图事业也得到了迅速发展,并且进入现代地图的发展时期。

为满足恢复和发展经济建设及国防建设的需要,国家先后建立了各级测绘管理、实施和教育机构,并组织了大规模国家基本比例尺地形图的测绘和编印。1950 年组建的军委测绘局(后改为中国人民解放军总参测绘局)以及 1956 年组建的国家测绘总局,成为中国军队和地方测绘工作管理和组织实施的两大机构,领导全国的地图测绘和编绘工作。1946 年成立的解放军测绘学院,以及 1956 年建立的武汉测绘学院,从军方和地方两方面担负起了培养地图制图高等科技人才的重任。

1953 年总参测绘局组织编制了 1:150 万的全国挂图《中华人民共和国全图》,由 32 幅对开拼成。1956 年出版了 1:400 万《东南亚形势图》。20 世纪 50 年代后期,先后 3 次编制出版了 1:250 万《中华人民共和国全图》,之后又多次修改、重编出版,成为我国全国挂图中稳定的品种。该图内容丰富、色彩协调、层次清晰,较好地反映了中国的三级地势和中国大陆架地貌。20 世纪 70 年代,各省(自治区、直辖市)、市测绘部门分别完成了省(自治区、直辖市)、市挂图和大量的区县地图的编制工作。

从 20 世纪 80 年代起,测绘部门开始大规模建设国家级的基础地理信息数据库,至今已经陆续建成了全国 1:400 万地形数据库、重力数据库,全国 1:100 万的地形数据库、地名数据库、数字高程模型库,全国 1:25 万的地形数据库、地名数据库、数字高程模型库。还在 1999 年建成了全国七大江河重点防范区 1:1 万的数字高程模型(12.5 m 格网)和长江三峡库区 1:5 万数字高程模型(50 m 格网)。这些数据库作为重要的基础地理信息数据来源,已经在全国各行各业得到了广泛的应用。

进入 21 世纪后,现代地图学所研究的对象不断扩大,人类的认识正在从陆地表层向海洋、地壳深部和外层空间扩延,几乎任何与空间位置有关的人类活动,都可以用地图来研究。现在地图学的任务已不满足于对地理环境各种原始测绘数据的加工,而是更注意开发高层次、知识密集型的地图产品。地图品种正朝向多维、动态、多媒体、网络等方向发展,地图出版的数量也是以前任何时期无法比拟的。

地图是测绘的标准产品,以精度高、可靠性好、专业性强为优点,今后,地图也将走产业化道路,大众对地图的需求将决定地图的发展方向,地图将越来越通俗化、多样化。伴随着数字化测绘体系的建立和日益发展的网络技术,可量测影像(DMI)、网络地图等已走进大众的生活,直接为大众服务。

地图的作用就是认知地理空间世界,最好的认知方式就是身临其境,当然,最好的地图就是能够向人们提供身临其境的感觉的产品,也就是虚拟的地理环境。

 项目小结

本项目主要介绍了数字测图的发展历史和地形图比例尺及分幅、编号,指出无人机航测是测图的发展新方向;根据比例尺精度概念,按工作需要,多大的地物需在图上表示出来或测量地物要求精确到什么程度,由此可参考决定测图的比例尺;当测图比例尺决定之后,可以推算出测量地物时应精确到什么程度;为了便于测绘、印刷、保管、检索和使用,所有的地形图均需按规定的大小进行统一分幅并进行有系统的编号等;介绍了地形图图式上规定的地物和地貌符号,为后续的地形图测绘和判读学习打下了理论基础。

 复习思考题

1. 简述常用的数字测图方法及特点。
2. 比例尺精度有哪些应用?
3. 简述 1∶100 万比例尺地形图的分幅和编号原则。
4. 简述地物符号的分类。
5. 简述等高线的特性。

项目2 控制测量

项目描述

控制测量是数字化测图的前期工作。测量工作的组织原则是"从整体到局部""先控制后碎部""由高级到低级",其含义就是在测区内,先建立测量控制网,用来控制全局,然后根据控制网测定控制点周围的地形或进行建筑施工放样,利用控制测量方法不仅可以保证整个测区有一个统一、均匀的测量精度,而且可以加快测量进度。所谓控制网,就是在测区内选择一些有控制意义的点(称为控制点)构成的几何图形。图2-1为控制测量与地形图测绘的关系。

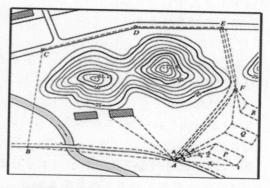

图2-1　控制测量与地形图测绘的关系

在碎部测量中,专门为地形测图而布设的控制网称为图根控制网,相应的控制测量工作称为图根控制测量。控制测量分为平面控制测量和高程控制测量。平面控制测量确定控制点的平面坐标,高程控制测量确定控制点的高程。在传统测量工作中,平面控制网与高程控制网通常分别单独布设。目前,一般将上述两种控制网合并布设成三维控制网。

学习目标

1. 知识目标

(1)掌握平面控制网的布设和测量方法;

(2)掌握高程控制点的布设和测量方法;

(3)掌握一步法和辐射法测量图根导线;

(4)会使用RTK测量图根导线;

(5)掌握控制点的布设原则;

(6)理解我国使用的坐标系统。

2.能力目标

(1)能根据测区大小和比例尺大小布设控制网；

(2)能现场踏勘选点；

(3)能根据测图要求选择控制精度。

3.素质目标

(1)培养严谨求实的工作作风；

(2)树立精益求精的工匠精神；

(3)培养团队协作和自主创新意识。

 相关案例——某市数字测图控制网布设

　　某地级市计划测绘全市范围内的数字化地形图，任务区域位于东经116°23′—116°40′，北纬36°58′—36°10′，覆盖该市所辖的长安区、裕华区(含高新技术产业开发区)、路南区、路北区、新华区及市郊部分地区，面积约200 km²。在测图开始前，首先进行了测区内的控制测量，控制测量主要包括以下内容。

1.任务内容及任务量

(1)平面控制网

包括：首级GNSS基准网(7个点)；二等平面控制网(26个点，其中基准网7个点)；四等平面控制网(188个点，其中高级点26个)；一级导线(900 km)。

(2)高程控制网

包括：首级高程控制网，二等水准线路，140 km左右；四等水准线路，750 km。

2.目的和意义

　　第一，综合利用GNSS技术和水准测量技术，建立该市高精度城市平面与高程控制网，为今后全市范围的数字化测图工程奠定基础。

　　第二，按照逐级控制、逐级布网、统一规划、整体设计的原则，布设某市高精度城市平面与高程控制网，使该网具有最优的科学性和先进性，实现城市控制网的典范性工程。

　　第三，完成与国家"1954年北京坐标系统""1980西安坐标系统""WGS-84地心坐标系统"和原有地方坐标系统的严密挂接与精确转换。

任务2.1　图根平面控制测量

2.1.1　任务目标

　　在测绘任务开始前应首先进行图根控制测量，图根控制点测量是地形图测绘的一部分；其具体任务是在测图区域均匀的布设控制点，然后准确的测量出这些点的三维坐标，用以在测图过程中安置数据采集设备和定向，并且可以起到控制测图时的误差积累作用。因为此项控制测量目的是直接为测图服务，故此种控制测量被称为图根控制测量。通过学习本任务，旨在让学习者掌握图根平面控制测量的方法和流程。

图根控制测量

2.1.2 相关配套知识

1. 图根控制点布设

图根控制点是直接供地形图测绘使用的依据。图根控制点的密度应根据实地地物、地貌的复杂程度，地形图测绘的测量手段和作业方式等情况决定。图根点的选择，一般是利用测区内已有的地形图，先在图上选点，拟定导线布设方案，然后到实地踏勘、落实点位。当测区不大或无现成的地形图可利用时，可直接到现场边踏勘、边选点。不论采用何种方法，选点时应注意下列几点：

第一，如果采用导线测量，相邻点间通视要良好，地势平坦、视野开阔，其目的在于方便量边、测角和有较大的控制范围。第二，点位应放在土质坚硬又安全的地方，其目的在于能稳固地安置仪器和有利于点位的保存。第三，导线边长应符合表 2-1 的要求，导线边长应大致相等，相邻边长差不宜过大，点的密度要符合表 2-1 的要求，且均匀分布于整个测区。

表 2-1　导线测量技术要求

等级	测图比例尺	附合导线长度（m）	平均边长（m）	往返丈量较差相对中误差	测角中误差（″）	角度闭合差	导线全长相对中误差	测回数	
								DJ₂	DJ₆
一级		2 500	250	1/20 000	±5	±$10\sqrt{n}$	1/10 000	2	4
二级		1 800	180	1/15 000	±8	±$16\sqrt{n}$	1/7 000	1	3
三级		1 200	120	1/10 000	±12	±$24\sqrt{n}$	1/5 000	1	2
图根	1∶500	500	75	1/3 000	±20	±$60\sqrt{n}$	1/2 000		1
	1∶1 000	1 000	110	1/3 000	±20	±$60\sqrt{n}$	1/2 000		1
	1∶2 000	2 000	180	1/3 000	±20	±$60\sqrt{n}$	1/2 000		1

当点位选定后，应马上建立和埋设标志。标志的形式，可以制成临时性标志，如图 2-2 所示，即在选的点位上打入 7 cm×7 cm×60 cm 的木桩，在桩顶钉一钉子或刻画"十"字，以示点位。如果需要长期保存点位，可以制成永久性标志，如图 2-3 所示，即埋设混凝土桩时，在桩中心的钢筋顶面上刻"十"字，以示点位。

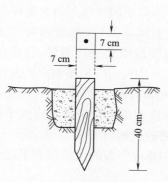

图 2-2　导线桩

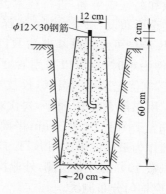

图 2-3　永久性控制桩

标志埋设好后，对作为导线点的标志要进行统一编号，并绘制导线点与周围固定地物的相关位置图，称为点之记，如图 2-4 所示，作为今后找点的依据。

草图	导线点	相关位置	
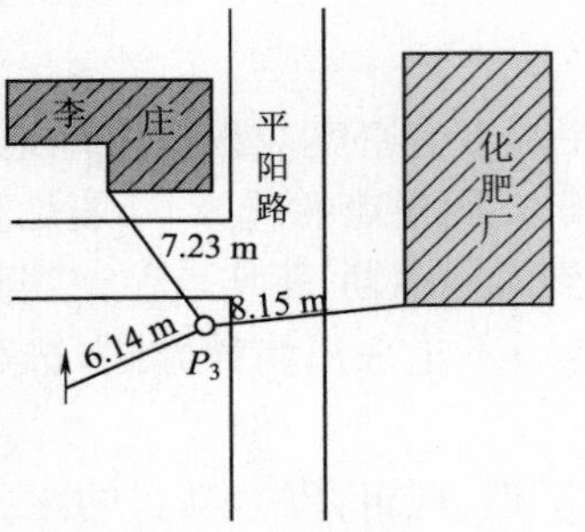 李庄 平阳路 化肥厂 7.23 m 6.14 m 8.15 m P_3	P_3	李庄	7.23 m
		化肥厂	8.15 m
		独立树	6.14 m

图 2-4　导线点之标记图

近些年,随着手持 GNSS(图 2-5)和手机定位的出现,外业绘制点之记和找点的工作已大大简化,多数情况下,埋设完控制点后只需使用手持 GNSS 或手机在现场记录下埋点的位置和控制点的点名,需要使用该控制点时,再使用手持 GNSS 或手机的导航功能寻找该点即可。这种方法在控制点在多数情况下可追踪到控制点周围 1~2 m 范围内,在控制点所在的位置没有被遮盖时可取得良好效果。对于被遮盖的控制点,由于定位精度有限,作为最后使用的方法,可以在临近的两个控制点上设站和定向,然后使用坐标放样的方法找到控制点的实地位置。

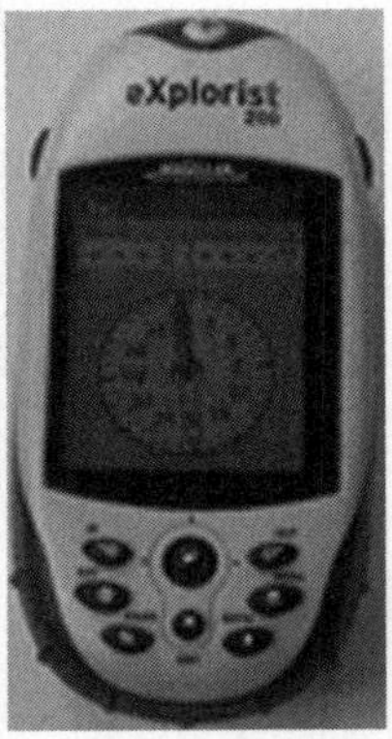

图 2-5　手持 GPS

2. 图根平面控制点测量

图根控制点布设完成后即开始测量工作,根据实地情况结合测量设备以及技术手段,图根控制点的平面测量可采用光电测距导线、GNSS 快速静态/静态相对定位和 GNSS-RTK 等满足精度要求的方法。GNSS-RTK 测量有很多优势,从条件上讲,其在控制测量时是不会受到诸如通视、天气和地区类型等因素的影响,从使用上讲,其操作简单,可以灵活处理不同情况下的测量,用时短且效率高,可以达到节约人力、财力的效果,从测量精度上讲,其所控制的误差远远好于传统的测量。GNSS RTK 控制测量前,应根据任务需要,收集测区高等级控制点的地心坐标、参心坐标、坐标系统转换参数和高程成果等,进行技术设计。平面控制点可以逐级布设、越级布设或一次性全面布设,每个控制点宜保证有一个以上的等级点与之通视。

图根控制测量—
全站仪三维
导线测量

GNSS-RTK 测量可采用单基准站 RTK 测量和网络 RTK 测量两种方法进行,在通信条件困难时,也可以采用后处理动态测量模式进行测量,已建立 CORS 网的地区,宜优先采用网络 RTK 技术测量。GNSS-RTK 图根点测量流动站观测时应采用三角架对中、整平,每次观测历元数应大于 20 个。RTK 图根点测量平面坐标转换残差不应大于图上±0.07 mm,平面测量两次测量点位较差不应大于图上±0.1 mm,各次结果取中数作为最后成果。用 RTK 技术施测的图根点平面成果应进行 100%的内业检查和不少于总点数 10%的外业检测,外业检测采用相应等级的全站仪测量边长和角度等方法进行,其检测点应均匀分布测区。

除此以外还可采用"辐射法"和"一步测量法"(图 2-6)。辐射法就是在某一通视良好的等级控制点上,用极坐标测量方法,按全圆方向观测方式,一次测定周围几个图根点。这种方法无需平差计算,直接测出坐标。为了保证图根点的可靠性,一般要进行两次观测(另选定向点)。该方法最后测定的一个点必须与第一个点重合,以检查仪器是否变动,重合误差应小于图根点精度。"一步测量法"就是充分利用全站仪精度高、坐标实时解算的特点,在采集碎部点时根据现场测量需要随时布设和测量图根点,然后将全站仪直接搬到新测定的图根点上,图根点的坐标直接从仪器内存读取。需注意的是最后图根点一定要与高级点附合,以检核测量图根点的过程中有无粗差,如果最后的不符值小于图根导线的不符值限差,则测量成果可以使用,如果不符值超限,则要仔细找出原因,改正图根点坐标,或返工重测图根点坐标,但这个返工工作量仅限于图根点的返工,而碎部点原始测量的数据仍可利用,闭合后,重算碎部点坐标即可。这种将图根导线与碎部测量同时作业的方法效率非常高,省去了图根导线的单独的测量和计算平差过程,适合数字测图,实践表明该种方法能够达到规定精度。

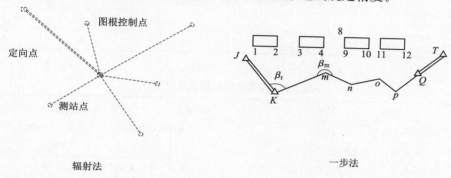

图 2-6　图根控制点测量示意图

任务 2.2　图根高程控制测量

2.2.1　任务目标

图根高程控制测量具体任务就是在测图区域均匀的布设高程控制点,一般可以平面控制点共同布设,然后准确的测量出这些点的高程,用以在测图过程中控制高程。可采用水准测量、光电测距导线、GNSS 快速静态/静态相对定位和 GNSS-RTK 等满足精度要求的方法。通过学习本任务,旨在让学习者掌握图根高程控制测量的方法和流程。

2.2.2　相关配套知识

1.基本要求

如采用水准测量的方法,图根水准测量应起讫于不低于四等的高程点上。图根三角高程测量应起讫于不低于图根水准精度的高程点上,边数不应超过 15 个,当超过规定时,路线应布设成节点网。当采用 GNSS-RTK 图根点测量高程时用于求取转换参数的点必须能够控制测区范围,拟合残差和各次测量高程较差均不应大于 1/10 等高距,各次结果取中数作为最后成果。用 RTK 技术施测的图根点高程成果应进行 100% 的内业检查和不少于总点数 10% 的外业检测,外业检测采用相应等级的三角高程、几何水准测量等方法进行,其检测点应均匀分布测区。

2.四等水准测量

四等水准路线用于建立小区域首级控制网和图根高程控制网。水准观测的主要技术要求见

表 2-2,仪器等级采用 DS₃ 级水准仪,水准尺不同于普通水准尺,它是双面水准尺,每次观测使用两把尺子,称为一对,每根水准尺一面为红色,另一面为黑色。一对水准尺的黑面尺底刻划均为零,而红面尺一根尺底刻划为 4.687 m,另一根尺底刻划为 4.787 m,这一数值用 K 表示,称为同一水准尺红、黑面常数差。四等水准测量每站的观测顺序简称为"后—后—前—前",记录计算见表 2-3。

四等水准测量

表 2-2 水准观测的主要技术要求

等级	水准仪的型号	视线长度(m)	前后视较差(m)	前后视累积差(m)	视线离地面最低高度(m)	黑面、红面读数较差(mm)	黑面、红面所测高差较差(mm)
三等	DS₁	100	3	6	0.3	1.0	1.5
三等	DS₃	75	3	6	0.3	2.0	3.0
四等	DS₃	100	5	10	0.2	3.0	5.0

表 2-3 四等水准测量记录计算表

测站编号	测点编号	后尺 下丝 上丝 / 后视距 / 视距 d	前尺 下丝 上丝 / 前视距 / $\sum d$	方向及尺号	黑面	红面	K+黑一红(mm)	高程中数(m)
		(1) (2) (9) (11)	(5) (6) (10) (12)	后 7 前 8 后一前	(3) (7) (15)	(4) (8) (16)	(13) (14) (17)	(18)
1	BM₁~Z₁	1.891 1.525 36.6 −0.2	0.758 0.390 36.8 −0.2	后 7 前 8 后一前	1.708 0.574 +1.134	6.395 5.361 +1.034	0 0 0	+1.134 0
2	Z₁~Z₂	2.746 2.313 43.3 −0.9	0.867 0.425 44.2 −1.1	后 8 前 7 后一前	2.530 0.646 +1.884	7.319 5.333 +1.986	−2 0 −2	+1.885 0
3	Z₂~Z₃	2.043 1.502 54.1 +1.0	0.849 0.318 53.1 −0.1	后 7 前 8 后一前	1.773 0.584 +1.189	6.459 5.372 +1.087	+1 −1 +2	+1.188 0
4	Z₃~BM₂	1.167 0.655 51.2 −1.0	1.677 1.155 52.2 −1.1	后 8 前 7 后一前	0.911 1.416 −0.505	5.696 6.102 −0.406	+2 +1 +1	−0.505 5

页检核

$\sum(9) = 185.2$

$-\underline{\sum(10) = 186.3}$

-1.1

末站(12) = −1.1

总视距 = $\sum(9) + \sum(10) = 371.5$

总高差 = $\sum(18) = +3.701\ 5$

总高差 = $\dfrac{1}{2}[\sum(15) + \sum(16)] = +3.701\ 5$

总高差 = $\dfrac{1}{2}\{\sum[(3)+(4)] - \sum[(7)+(8)]\}$

$= \dfrac{1}{2}(32.791 - 25.388)$

$= +3.701\ 5$

3. 光电测距三角高程测量

三角高程测量是根据测站至观测目标点的水平距离或斜距以及竖直角，运用三角学的公式，计算获取两点间高差的方法。三角高程测量按使用仪器分为经纬仪三角高程测量和光电测距三角高程测量，前者施测精度较低，主要用于地形测量时测图高程控制；后者根据实验数据证明可以替代四等水准测量。随着光电测距仪的发展和普及，光电测距三角高程测量已广泛用于实际生产。

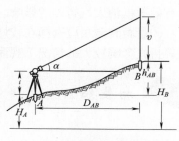

图 2-7　三角高程测量原理

(1)三角高程测量基本原理

以水平面代替大地水准面时，如图 2-7 所示，欲测 A、B 两点间的高差，将光电测距仪安置在 A 点上，对中、整平，用小钢尺量取仪器中心至桩顶的高度 i，B 点安置棱镜，读取棱镜高度，测得竖直角 α，测得 AB 间的水平距离 D_{AB}，从图中可得，三角高程测量计算高差的基本公式，即

$$h_{AB} = D_{AB} \times \tan\alpha_A + i - v \tag{2-1}$$

(2)三角高程测量观测与计算

三角高程测量一般应采用对向观测，即由 A 向 B 观测，再由 B 向 A 观测，也称为往返测。取双向观测的平均值可以消除地球曲率和大气折光的影响。

将光电测距仪安置于测站上，用小钢尺量取仪器高 i，觇标高 v(若用对中杆，可直接设置高度)。用中丝照准，测定其斜距，用盘左、盘右观测竖直角。

仪器高度、觇标高应用小钢尺丈量两次，取其值精确至 1 mm。对于四等高程测量，当较差不大于2 mm 时，取其平均值。对于五等高程测量，当较差不大于 4 mm 时，取其平均值。

光电测距三角高程测量应采用高一级的水准测量联测一定数量的控制点，作为高程起闭数据。四等高程测量应起迄于不低于三等水准的高程点上，五等高程测量应起迄于不低于四等水准的高程点上；其边长均不应超过 1 km，边数不应超过 6 条，当边长小于 0.5 km 时，或单纯作高程控制时，边数可增加一倍。

三角高程边长的测定，应采用不低于Ⅱ级精度的测距仪。四等应采用往返各一测回；五等应采用一测回。视线竖直角不超过 15°。

光电三角高程测量的技术要求见表 2-4。使用全站仪进行三角高程测量时，直接选择大气折光系数值，输入仪器高和棱镜高，利用仪器高差测量模式观测。

表 2-4　光电三角高程测量的技术要求

等级	仪器	测回数 (中丝法)	指标差较差 (″)	垂直角度较差 (″)	对向观测高差较差 (mm)	附合或环形闭合差 (mm)
四等	DJ$_2$	3	≤7	≤7	$40\sqrt{D}$	$20\sqrt{\sum D}$
五等	DJ$_2$	2	≤10	≤10	$60\sqrt{D}$	$30\sqrt{\sum D}$

(3)光电测距三角高程测量注意事项

①水准点光电测距三角高程测量可与平面导线测量合并进行，并作为高程转点。距离和角度必须进行往返测量。

②提高竖直角的观测精度，在三角高程测量中尤为重要，增加竖直角的测回数，可以提高测角精度，测回数要求见表 2-4。

③往返的间隔时间应尽可能缩短,使往返测的气象条件大致相同,这样才会有效地抵消大气折光的影响。

④量距和测角应选择在较好的自然条件下观测,避免在大风、大雨、雨后初晴等折光影响较大的情况下观测。成像不清晰、不稳定时应停止观测。

三角高程测量

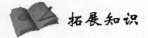

坐 标 系 统

坐标系统的选择是任何控制测量不能回避的问题。由于地球表面是个不可展的球面,而现实中人们应用的各种图纸是一个平面,如何用平面表示球面上的内容是人们必须要解决的一个问题。在我国,大多应用高斯投影的方法将球面上的地物投影到平面上,而高斯投影一个必要的条件就是需要知道我们所在的地球的大小形状。一般来说,人们将大地水准面所围成的球体近似的认为是地球体,而这个球体是不规则的,无法用公式表达,所以人们用一个跟本地区的大地水准面最为接近的椭球体来代替这个大地体。椭球体可以用公式来表达,其上的测量数值可以方便的解算。所以,不同地区的人根据本地区的大地水准面对地球体有不同的解读,这就产生了同一个地球因为地区不同而使用不同半径和扁率的椭球体的情况。这些椭球体就称为参考椭球,基于不同的参考椭球投影产生的平面坐标称为不同的坐标系统。在我国,应用广泛的有北京 54 坐标系统和西安 80 坐标系统,这两个坐标系统分别基于苏联的克拉索夫斯基椭球(地球长半径 6 378 245 m,椭球扁率倒数 298.3)和国际测量学大会推荐的 IAG-75 椭球(椭球长半径 6 378 140 m,椭球扁率倒数 298.3)。表 2-5 为国际主要椭球参数表。

表 2-5　国际主要椭球参数表

椭球名称	建立年份	椭球长半径	扁率	建立国家
德兰勃	1800	6 375 653	1：334.0	法国
瓦尔别克	1819	6 376 896	1：302.8	俄国
埃弗瑞斯特	1830	6 377 276	1：300.801	英国
克拉索夫斯基	1940	6 378 245	1：298.3	苏联
贝塞尔	1841	6 377 397	1：299.152	德国
克拉克	1856	6 377 862	1：298.1	英国
1975 年大地坐标系	1975	6 378 140	1：298.257	1975 年国际第三个推荐值
日丹诺夫	1893	6 377 717	1：299.7	俄国
赫尔默特	1906	6 378 140	1：298.3	德国
海福特	1906	6 378 283	1：297.8	美国

1.北京 54 坐标系

新中国成立以后,我国大地测量进入了全面发展时期,在全国范围内开展了正规、全面的大地测量和测图工作,迫切需要建立一个参心大地坐标系。首先采用了苏联的克拉索夫斯基椭球参数,并与苏联 1942 年坐标系进行联测,通过计算建立了我国大地坐标系,定名为 1954 年北京坐标系。因此,1954 年北京坐标系可以认为是苏联 1942 年坐标系的延伸,它的原点不在北京而是在苏联的普尔科沃。

它是将我国一等锁与苏联远东一等锁相连接,然后以连接处呼玛、吉拉宁、东宁基线网扩大边端点的苏联 1942 年普尔科沃坐标系的坐标为起算数据,平差我国东北及东部区一等锁,这样传算过来的坐标系就定名为 1954 年北京坐标系。

北京 54 坐标系在新中国成立后很长的一段时间内在测绘工作中发挥了巨大的作用,但由于该坐标系采用的苏联地区的参考椭球,所以在我国境内存在着由西向东的明显倾斜。为此,1978 年在西安召开了"全国天文大地网整体平差会议",提出了建立属于我国自己的大地坐标系,即后来的 1980 西安坐标系。但时至今日,北京 54 坐标系仍然是在我国使用最为广泛的坐标系。

2. 西安 80 坐标系

1978 年 4 月在我国测绘学者在西安召开"全国天文大地网平差会议",确定重新定位,建立我国新的坐标系。为此有了 1980 年国家大地坐标系。1980 年国家大地坐标系采用地球椭球基本参数为 1975 年国际大地测量与地球物理联合会第十六届大会推荐的数据。该坐标系的大地原点设在我国中部的陕西省泾阳县永乐镇,位于西安市西北方向约 60 km,故称 1980 年西安坐标系,又简称西安大地原点。

3. CGCS2000 坐标系

这是我国当前最新的国家大地坐标系,英文名称为 China Geodetic Coordinate System 2000,英文缩写为 CGCS2000。

新中国成立以来,利用 20 世纪 50 年代和 80 年代分别建立的 1954 年北京坐标系和 1980 年西安坐标系,测制了各种比例尺地形图,在国民经济、社会发展和科学研究中发挥了重要作用,限于当时的技术条件,中国大地坐标系基本上是依赖于传统技术手段实现的。随着社会的进步,国民经济建设、国防建设、社会发展和科学研究等对国家大地坐标系提出了新的要求,迫切需要采用原点位于地球质量中心的坐标系统(以下简称地心坐标系)作为国家大地坐标系。采用地心坐标系,有利于采用现代空间技术对坐标系进行维护和快速更新,测定高精度大地控制点三维坐标,并提高测图工作效率。

国家大地坐标系的定义包括坐标系的原点、三个坐标轴的指向、尺度以及地球椭球的 4 个基本参数的定义。2 000 国家大地坐标系的原点为包括海洋和大气的整个地球的质量中心;2 000国家大地坐标系的 Z 轴由原点指向历元 2 000.0 的地球参考极的方向,该历元的指向由国际时间局给定的历元为 1 984.0 的初始指向推算,定向的时间演化保证相对于地壳不产生残余的全球旋转,X 轴由原点指向格林尼治参考子午线与地球赤道面(历元 2 000.0)的交点,Y 轴与 Z 轴、X 轴构成右手正交坐标系,采用广义相对论意义下的尺度。2 000 国家大地坐标系采用的地球椭球参数的数值为长半轴 $a = 6\ 378\ 137$ m,扁率 $f = 1/298.257$。

 相关规范、规程与标准

《工程测量标准》(GB 50026—2020)

 项目小结

本项目讲述了数字测图的图根控制点的布设和测量方法。在重点上突出了 RTK 测量图根控制点的新技术和使用全站仪充分发挥仪器精度的一步法和辐射法等新方法的使用。由于这些方法速度快、检核条件少,所以在使用时,一定要注意多测重合点,避免测量粗差。

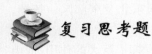 复习思考题

1. 辐射法适用于哪些情况?

2. 如果直接使用 RTK 测图,是否需要先测设图根控制点? 为什么?

3. 什么是北京 54 坐标系统? 什么是西安 80 坐标系统? 什么是 CGCS2000 坐标系?

项目 3 草图法测图

 项目描述

地形测图是以控制点为基础，按一定的要求和规则，将地面上各种地物、地貌测绘到图纸上。地面上的地物、地貌形态虽然多种多样，但这些形态总是可以概括、分解成各种几何形体的；而任何几何形体都是由不同的面构成的，任何面又都可由一些具体决定性的点所连成的直线或曲线来确定。可以说，各种地物、地貌的形态最终是由点决定的。我们把决定地物、地貌形态的点称为地物特征点或地貌特征点。地形测量中需要将地物、地貌的特征点测绘到图纸上，这些特征点又称为碎部点。碎部测量实际上就是测定地物、地貌碎部点在图上的点位及其高程，然后依次描绘出各种地物、地貌。

大比例尺数字测图野外数据采集按碎部点测量方法，分为全站仪测量方法和 GNSS-RTK 测量方法。

 学习目标

1. 知识目标

(1)掌握地形图测绘的基本原理；

(2)掌握全站仪和 RTK 进行碎部点位采集的原理；

(3)掌握取舍地形点的基本原则；

(4)掌握技术设计书的编写要领；

(5)掌握地形草图的绘制方法；

(6)掌握数字成图软件实现地形图的绘制的方法。

2. 能力目标

(1)能够利用经纬仪完成一测站白纸测图；

(2)能够读懂技术设计书，按照技术设计书的要求组织开展测图工作；

(3)能够利用全站仪和 RTK 进行碎部点位采集；

(4)能够熟练使用地形图图式，取舍地形点；

(5)能将野外采集数据传输到计算机，并进行地形图的绘制编辑，最后形成地形图。

3. 素质目标

(1)培养学生严谨求实的工作作风；

(2)培养学生团队组织管理能力；

(3)培养学生动手能力、处理问题的能力。

相关案例一——××县数字测图任务概况

　　××院数字化测绘队承担了某地区约 4 km² 的数字化测图任务。该测区范围：东至京广铁路，西至县城西二环线中线，南至××河北岸北河堤，北至县中学北边界。整个测区内涉及工厂、医院、商业、铁路、公路、山丘等，交通不太便利，地形较为复杂，测量工作难度较大。整个测量任务要求在 2 个月内完成，为了能够合理调配单位人力物力，按时完成测绘任务，保证测绘成果质量，在工程开始前该单位组织专家编写了数字测图技术设计书。

　　1. 测区概况

　　测绘区域处华北平原西部，是××省重要的地级城市，也是华北地区重要的中心城市之一。该工程主要处于××市建成区，位于东经 114°××′××″—114°××′××″，北纬 39°××′××″—39°××′××″。该工程东至京广铁路，西至县城西二环线中线，南至××河北岸北河堤，北至县中学北边界，测区面积约 4 km²。城区地势平坦，地形西北高、东南低，坡度约千分之一，市区海拔约为 70 m。市区建筑物净高不超过 150 m。

　　该市地处暖温带，属半湿润季风气候，年平均气温 12.9°，极端最高气温 42°，极端最低气温−25°。雨季集中在 7～10 月，最适宜作业季节为 3～11 月。

　　2. 已有资料

　　(1)控制资料

　　测区内有国家测绘局第一大地测量队 1977 年施测的国家一等水准点Ⅰ永汉 86 基(Ⅰ宝襄 29 基)，其高程系统为 1956 年黄海高程系统。该点保存完好，而且精度满足本次测量的要求，可以作为本次测量高程控制的起算数据。

　　(2)地图资料

　　城市规划院 1998 年测绘的 1∶1 000 比例尺地形图，可用作本次测量的参考用图。

　　3. 设计技术依据

　　《城市测量规范》(CJJ/T 8—2011)；

　　《国家基本比例尺地图图式　第 1 部分：1∶500、1∶1 000、1∶2 000 地形图图式》(GB/T 20257.1—2017)；

　　《卫星定位城市测量规范》(CJJ 73—2010)；

　　本技术设计书及作业期间的补充技术规定。

　　4. 实施方案

　　(1)采集数据时，地物点测距最大长度为 320 m，地形点测距最大长度为 350 m；高程注记点应分布均匀，其间距宜为 30 m，平坦及地形简单地区可放宽至 1.5 倍，地貌变化较大的地区应适当加密。

　　(2)测量内容及取舍应符合如下规定：

　　①山顶、鞍部、山脊、山脚、谷口、谷底、沟底、沟口、凹地、台地、河川湖池岸旁、水崖线上、城市建筑区的街道中心线、街道交叉中心、建筑物墙基角和相应的地面、管道检查井井口、桥面、广场、较大的庭院或空地上以及其他地面倾斜变换处，均应测设高程注记点。

　　②房屋的轮廓应以墙基外角为准，并按建筑材料和性质分类，注记层数。房屋应逐个表示，临时性房屋可舍去。

　　③建筑物和围墙轮廓凸凹在图上小于 0.4 mm，简单房屋小于 0.6 mm 时，可用直线连接。

④围墙、栅栏、栏杆等垣栅可根据其永久性、规整性、重要性等综合考虑取舍。

⑤工矿建（构）筑物及其他设施依比例尺表示的，应实测其外部轮廓，并配置符号或按图式规定用依比例尺符号表示；不依比例尺表示的，应准确测定其定位点或定位线，用不依比例尺符号表示。

⑥铁路轨顶（曲线段取内轨顶）、公路路中、道路交叉处、桥面等应测注高程，隧道、涵洞应测注底面高程。

⑦公路与其他双线道路在图上均应按实宽依比例尺表示。公路应在图上每隔 15～20 cm 注出公路技术等级代码，国道应注出国道路线编号。

⑧路堤、路堑应按实地宽度绘出边界，并应在其坡顶、坡脚适当测注高程。

⑨永久性的电力线、电信线均应准确表示，电杆、铁塔位置应实测。当多种线路在同一杆架上时，只表示主要的。城市建筑区内电力线、电信线可不连线，但应在杆架处绘出线路方向。各种线路应做到线类分明、走向连贯。

⑩各种天然形成和人工修筑的坡、坎，其坡度在 70°以上时表示为陡坎，70°以下时表示为斜坡。当坡、坎比高小于 1/2 基本等高距或在图上长度小于 5 mm 时，可不表示，坡、坎密集时，可适当取舍。独立石、土堆、坑穴、陡坎、斜坡、梯田坎、露岩地等应在上、下方分别测注高程或测注上（或下）方高程及量注比高。

⑪植被应实测范围，同一地段生长有多种植物时，可按经济价值和数量适当取舍。

（3）采集的数据应进行检查，删除错误数据，及时补测错漏数据，超限的数据应重测。

5. 检查验收

本测区实行三级检查、二级验收制度，首先各作业组必须对自己的作业成果进行 100% 的自查。在此基础上方可交队进行检查验收。各作业组自查、队级检查，均应做好检查记录，在队级检查验收通过后，连同组、队级检查验收记录提交院总工办检查验收。

本测区检查验收必须进行外业巡视检查及外业设站检查，并计算精度指标，以便评定其成果等级。

6. 工作安排及设备配置

（1）工作安排

根据该院生产工作安排，计划投入 19 人。计划工期 60 个有效工作日。

（2）设备配置

①华测 T7[h：$\pm(8\ mm+10^{-6}\times D)$，$v$：$\pm(15\ mm+10^{-6}\times D)$]接收机 4 台。

②DS$_3$ 型水准仪 1 台。

③徕卡全站仪 TS02 PLUS$\pm(2\ mm+2\times10^{-6}\times D)$4 台。

④对讲机 12 部。

⑤计算机 5 台。

7. 提交成果

（1）技术设计书 1 本。

（2）四等 GNSS 网平差计算资料 1 本。

（3）各等级导线平差计算资料 1 本。

（4）控制点点之记 1 本。

（5）四等水准观测记录 1 本。

（6）四等水准平差计算资料 1 本。

(7)1∶1 000 比例尺地形图(纸图)1 套。

(8)检查验收报告 1 本。

(9)技术总结 1 本。

(10)成果数据光盘 3 张。

8.其他

本设计经审批后,与其他技术文件有矛盾的,以本设计为准;本设计书未提及的以《城市测量规范》(CJJ/T 8—2011)为准;各作业人员必须认真学习技术设计书,理解设计目的及要求,以达到作业方法及数据结构的统一和规整。

9.附件

(1)GNSS 点标志及标志埋设图。

(2)导线点标志埋设图。

 相关案例二——RTK 联合全站仪测图实例

RTK 在城市测量中,一般流动站和基准站距离达不到 RTK 设备中所标述的最大值(一般为 20 km)。城市中一般能达到 500～3 000 m,且 RTK 的缺点在城市测量中能够完全体现,如多路径效应、电磁波干扰、高大建筑物对接收机视野的限制等。这些缺点给城市测量带来了巨大的影响,使得测量无法快速进行并且定位精度也受到一定的影响。

为能够满足城市测量的需求,以及在短时间内完成作业任务,使用全站仪与 RTK 联合可以满足这些需求,并且能够保持更好的精度。城市中高等级控制点距离远、不通视,普通等级点破坏大、测量过程中通视不方便(车、人容易阻挡视线)。完全利用全站仪耗时间、耗人力,无法快速测量,利用 RTK+全站仪的方法可以很好的解决这些问题。在测区范围内利用 RTK 布设控制点、在 RTK 不容易到达或局限性较大的地方可在附近布设控制点再利用全站仪进行测量,这样可以快速完成各种测量任务,且精度也可保证。

1.测区概况

××单位承担了某测区的测量任务,总面积约为 1.5 km²,成图比例尺为 1∶2 000。该测区位于丘陵地带,地形条件复杂,测区内部有两个主要的山体,山上以荒草和灌木为主。两个建筑物密集区(一村庄、一矿山集中区)。

综合测区以上情况,通过认真讨论、试验和分析,决定对于接收卫星信号较好的山坡和平坦地区采用 RTK 碎部测量;其余地区采用全站仪碎部测量;全站仪所需图根控制点采用 RTK 进行测定。测图方式为野外数字化测图,使用一套徕卡 1200(1+3)动态 GNSS 接收机、两台徕卡全站仪进行外业采集,应用南方公司 CASS 软件地形地籍软件成图,为便于规划设计,地形图不进行分幅,等高距为 1 m。

2.人员配置

在人员分工上,RTK 分为 3 组(每个流动站为一组),每组 2 人,一人操作 RTK、一人画草图;另有一人留守基准站,负责基准站的安全;每组画草图的人员将野外采集的数据导入计算机,根据野外草图进行数字化成图。全站仪组为 3 人,一人施仪、一人跑尺、一人画草图。人员配置共 7 人,所以 RTK 与全站仪分开时段测图。

3.已有资料分析

测区附近有 GNSS 四等点 3 个,保存完好,精度满足要求。1 个点在测区外、2 个点在测区内,用这 3 个点作 RTK 的点校正。

4. 数据采集

在本次的地形图测绘中利用 RTK 可随时为全站仪测图测量图根点。按照《城市测量规范》中地形测量的要求进行地形图的碎部测量。测量方法是全站仪与 RTK 联合进行地形要素的自动采集和存储,并成图。对于开阔的地段(主要是田野、公路、河流、沟、渠、塘等)直接采用 RTK 进行全数字野外数据采集。实地绘制地形草图,对于树木较多或房屋密集的村庄等采用 RTK 给定图根点位,利用全站仪采集地形地物等特征点,实地绘制草图。回到室内将野外采集的坐标数据通过数据传输线传输到计算机,根据实地绘制的草图,在计算机上利用 CASS10.1 成图软件进行制图。

RTK 作业的具体操作:

①采用 RTK 技术进行碎部点采集,所采集的数据为当地平面坐标;

②应用 RTK 采集碎部点时,遇到一些对卫星信号有遮蔽的地带,这时可采用 RTK 给出图根点的点位坐标,然后采用全站仪测碎部点坐标。

全站仪作业的具体操作:

①整平对中,对中偏差不得超过 5 mm;

②启动全站仪,进入文件管理界面,建立文件名,并选择该文件在文件下存储;

③以后视点为检核点进行检核,偏差在限差范围内才可进行点收集;否则应查明原因,符合限差要求后可采集数据;

④采集碎部点数据信息。

全站仪注意事项:

①一个测站应一个方向观测,切勿盘左、盘右不分;

②一个测站仪器如有碰动需重新对中整平检核。

5. RTK 成果的质量检验

为了检验 RTK 图根点实际精度,RTK 测量结束后,应用徕卡全站仪对部分通视图根点间的相对位置关系进行实测检查。检查工作共布设了两条附合导线,导线起算点为已知 GNSS 点,共联测检查了 20 个图根点。根据导线测量成果与 RTK 结果的较差,可算出图根点相对于相邻点点位中误差和高程中误差,见表 3-1。根据表中的数据可算出图根点点位中误差 $m_p = \pm 4.3$ cm,高程中误差 $m_h = \pm 6.3$ cm,分别小于预设精度 ± 10 cm,也小于《城市测量规范》的规定值 ± 20 cm;完全符合图根控制和碎部点的精度要求。

由于 RTK 测设的相邻图根点之间并没有直接联系,因此,其相邻点与导线测量中所讲的相邻点意义不同,它仅仅是地理位置的相邻,彼此之间没有误差传递,相邻点之间的点位误差只与卫星信号的质量以及卫星的分布质量有关。因此,不能以导线测量的相对误差、角度中误差等指标作为衡量 RTK 相邻点精度的指标。

表 3-1　图根点与导线点精度对比分析表

点号	坐标较差		点位较差	高程较差
	d_x(cm)	d_y(cm)	d_p(cm)	d_H(cm)
T1	+3.1	-2.3	3.9	+7.1
T2	-0.9	+3.5	3.6	+5.0

续表

点号	坐标较差		点位较差	高程较差
	d_x(cm)	d_y(cm)	d_p(cm)	d_H(cm)
T3	+4.3	+4.0	5.9	+8.0
T4	+3.7	+5.1	6.3	+7.8
T5	+1.1	+3.9	4.1	+6.5
T6	+2.7	−2.2	3.5	−4.3
T7	+4.8	−3.7	6.1	−9.7
T8	−1.1	+0.8	1.4	+6.0
T9	+0.7	+1.8	1.9	−0.8
T10	+3.5	+4.7	5.9	+9.3
T11	+5.0	+3.7	6.3	+10.1
T12	−0.9	+1.1	1.4	+4.3
T13	+0.2	+1.8	1.8	−0.2
T14	−0.1	+1.5	1.5	+0.6
T15	+3.4	+2.1	4.0	−3.7
T16	+5.8	+3.1	6.6	+7.0
T17	+1.2	+0.8	1.4	+4.6
T18	+4.7	+3.4	5.8	+6.1
T19	+4.3	−0.9	4.4	−40.7
T20	−0.9	+6.3	6.4	+5.7

6. 应注意的问题

通过此次实验表明，全站仪联合 RTK 测图，能大大加快工作进度，节省工程成本。与常规测量相比，RTK 测量需要的测量人员少、作业时间短，能够极大地提高工作效率。但是在实施时，也可能会出现一些问题，影响工作进度，主要有以下方面：

(1)各作业小组要注意协作分工，不要漏测重测。在 RTK 测量困难地区，应利用全站仪测图。尽量保证当天成图，以便对漏测地区进行及时补测。

(2)选择基准站时要考虑数据链能否正常工作，因为电台的功率一般比较低，又是"近直线"方式传播，所以要考虑距离和"视场"。一般基准站选择在靠近测区中央、位置较高的地方。

任务3.1　经纬仪测图

3.1.1　任务目标

地形图测绘是以控制点为基础，按一定的要求和规则，将地面上各种地物、地貌测绘到图纸上。经纬仪测图主要介绍极坐标定点测图(利用与已知方向的水平夹角和到控制点的水平距离确定地面点在图纸上的位置)，通过学习本任务，旨在学习者能够掌握地形图测绘的基本原理。

3.1.2 相关配套知识

地形测量中需要将地物、地貌的特征点测绘到图纸上,这些特征点又称为碎部点。相对于地形控制而言,具体的地物和地貌是测区的碎部,因此又称为地形碎部测绘。

我国传统大比例尺测图主要采用大平板仪测图、小平板仪与经纬仪联合测图及经纬仪与半圆仪(即量角器)测图三种方法。

大平板仪测图就是将大平板仪置于测站上对中、整平、定向,用照准仪观测附近地形,随即绘于图板上;小平板仪与经纬仪联合测图是以小平板仪为主,将小平板仪置于测站上,经纬仪为辅在旁边配合测图;而经纬仪与量角器测图则是以经纬仪为主,将经纬仪置于测站上,小平板仪为辅,它仅作为绘图板用。

三种测图方法均是采用视距测量。在作图方面,前两种均采用图解法,而后一种是极坐标法用量角器作图。本节重点介绍第三种方法。

1.经纬仪测绘法

经纬仪测绘法就是把经纬仪安置在测站点上测方向、距离和高程,使用量角器在小平板上展绘成图,其成图方法即经纬仪测绘法。

工作原理如图 3-1 所示。把经纬仪安置在测站点 A 上,量取仪器高用望远镜瞄准另一图根点 B 作为起始方向,并使水平度盘读数为 $0°00'00''$。再以顺时针方向依次瞄准各立尺点,读记水平角、视距和竖直角。按顺序算出立尺点的水平距离和高程。按照观测出的水平角计算出水平距离,用量角器在小平板上展绘出立尺点的位置,并标注高程。再根据测绘于小平板上的地形点描绘地物、地貌。用量角器展绘地形点的方法如图 3-2 所示。A、B 是图上的已知图根点,M 是欲展绘的地形点。将量角器底边中央的小孔对准图上的测站点 A 并在小孔中插一测针。转动量角器,使起始方向 AB 正对在立尺点 M 的水平角值上,此时量角器底边的方向就是测站 A 到立尺点 M 的方向,根据量角器直径上的比例尺分划,按 AM 的水平距离,在图上刺出立尺点 M 的位置。如立尺点的水平角值大于 $180°$,在展点时要使用量角器里圈注明角度值,沿直径左边的比例尺分划刺点。

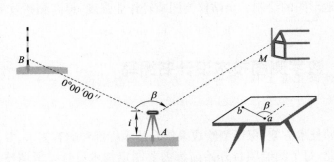

图 3-1 经纬仪测绘法原理

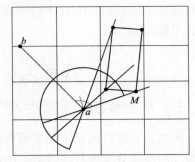

图 3-2 量角器展绘地形点

使用经纬仪测绘法测图时,要及时检查起始方向水平度盘读数是否为零,防止出现差错。

2.等高线的勾绘

(1)连接地性线

当测绘出一定数量的地貌特征点后,测绘员应及时依照实际情况,用铅笔轻轻在图上连接地性线,待勾绘完等高线后再将地性线擦掉。图 3-3 中,实线表示山脊线、虚线表示山谷线。在实际工作中,地性线应随地貌特征点的陆续测定而随时连接。

（2）确定等高线通过点

举例：如图 3-3 所示，a、b 两点高程分别为 42.8 m 和 47.4 m。若等高距为 1 m，则可以判断出该地性线 ab 间必有 43、44、45、46、57 五条等高线通过。现将图中的 ab 线及它的实际斜坡 AB 线表示在图 3-4 中。从图 3-4 可以看出，确定 ab 地性线上等高线的通过点，实际上就是确定图上 ac、cd、de、ef、fg、gb 的长度。

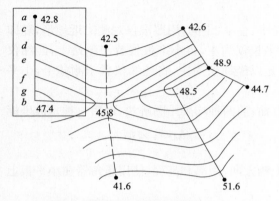

图 3-3　等高线勾绘示意图（单位：m）　　　图 3-4　等高线通过点位置计算原理图（单位：m）

$$ac = \frac{ab}{h_{AB}} \cdot h_{AC}$$

$$gb = \frac{ab}{h_{AB}} \cdot h_{GB}$$

且

$$h_{AB} = 47.4 - 42.8 = 4.6 \,(\text{m})$$
$$ab = 21 \,(\text{mm})$$
$$h_{AC} = 43 - 42.8 = 0.2 \,(\text{m})$$
$$h_{GB} = 47.4 - 47 = 0.4 \,(\text{m})$$

$$\Rightarrow$$

$$ac = \frac{21}{4.6} \times 0.2 = 0.91 \,(\text{mm})$$
$$gb = \frac{21}{4.6} \times 0.4 = 1.83 \,(\text{mm})$$

$$(3-1)$$

平板仪测图、经纬仪和小平板仪联合测图等，都是采用人工逐点立尺作为基本手段。这是落后的测图方法，工作量大、效率低，尤其是在山区测图更为严重，已远远不适应测绘工作发展的需要。目前常用的全站仪测图与经纬仪测绘法原理相同，它是用光电测距取代了立尺和视距测量，其他与经纬仪测绘过程相同，就是在测站上安置全站仪、用全站仪测出地形点的水平角、竖直角和水平距离，用仪器内置程序自动计算地形点的坐标，在野外观测后记录保存各地形点坐标，并绘制草图，在室内完成地形图的绘制。全站仪测图减轻作业强度，提高测图效率，提供了测图新途径。

任务 3.2　数字测图技术设计书编写

3.2.1　任务目标

测绘技术设计是制定切实可行的技术方案，保证测绘成果符合技术标准和顾客需求，并获得最佳的经济效益和社会效益。因此，每个测绘项目开始前都需要制定技术设计。所谓技术设计是根据测图比例尺、测图面积、测图方法以及用图单位的具体要求，结合测区的自然地理条件和本单位的仪器设备、技术力量及资金等情况，灵活运用测绘学的有关理论和方法，制定在技术上可行、经济上合理的技术方案、作业方法和实施计划，并将其编写成技术设计书。在数字测图项目开始之前，应认真完成技术设计书的编写。技术设计书是对项目实施的一个总体规划，它能够使各方面对工程如何具体实施有具体的了解，便于协调各工作组之间的关系，有利于今后工作的开展。通过学习本任务，旨在让学习者掌握技术设计书的编写要求和方法。

3.2.2　相关配套知识

1. 现场踏勘

接受下达任务或签订数字测图任务的合同后,就可以进行测区踏勘工作,为编写技术设计、施工设计、成本预算等提供资料来源。测区踏勘调查了解的主要内容如下。

(1)交通情况:包含公路、铁路、乡村便道的分布及通行情况等;

(2)水系分布情况:包含江河、湖泊、池塘、水渠的分布、桥梁、码头及水路交通情况等;

(3)植被情况:包含森林、草原、农作物的分布及面积等;

(4)控制点分布情况:包含三角点、水准点、GNSS点、导线点的等级、坐标、高程系统,已知点位的数量及分布,点位标志的保存状况等;

(5)居民点分布情况:包含测区内城镇、乡村居民点的分布,食宿及供电情况等;

(6)当地风俗民情:包含民族的分布,习俗及地方方言,习惯及社会治安情况等。

踏勘的详略取决于测区的大小。如果测区范围大、任务重,则需要仔细踏勘,尽可能发现影响测绘工作开展的因素。如果测绘任务较小,则踏勘可以适当从简,甚至在对测区比较了解的情况下省略这一步骤。

2. 收集已有资料

收集资料是编写技术设计书的重要一环,充分的资料收集可以大大减小任务工作量。根据踏勘测区掌握的情况,需收集的资料如下。

(1)控制资料:在数字测图开始前应有一定数量的已知坐标的控制点,这样才能使数字测图的坐标系统一到国家坐标系。控制点资料可以到当地的测绘主管部门购买,购买的内容包括:控制点坐标成果、控制点分布图、控制点点之记等。

(2)各类图件:测区及测区附近已有的测量成果等资料,其内容应说明其施测单位、施测年代、等级、精度、比例尺、规范依据、平面和高程坐标系统、投影带号、标石保存情况以及可利用的程度等。

(3)其他资料:包含测区有关的地质、气象、交通、通信等方面的资料及城市与乡、村行政区划表等。

3. 确定作业依据

作业的依据是技术设计书设计方案的理论基础,可以是以下内容:

(1)上级下达任务的文件或合同书;

(2)有关的法规和技术规范;

(3)地形测量的生产定额、成本定额和装备标准等;

(4)测区已有的资料等。

4. 编写实施方案

数字测图技术设计书的实施方案部分需详细写明工程开展各环节的技术细节,包括如下内容:

(1)测区控制的具体实施计划;

(2)野外数据采集及实施计划;

(3)仪器配备、经费预算计划;

(4)提交资料的时间计划以及检查验收计划等。

①平面控制测量设计

包括平面控制坐标系统的确定、首级网的等级、起始数据的配置、加密层次及图形结构、点的密度、觇标和标石规格要求、使用的仪器和施测方法、平差计算方法、各项主要限差及应达到的精度指标。

②高程控制测量设计

包括高程系统的选择、首级高程控制的等级及起算数据的选取、加密方案及网形结构、路线长度和点的密度、标石类型和埋设规格、使用的仪器和施测方法、平差计算方法、各项主要限差及应达到的精度指标。

③地形测图设计

包括地形图采用的分幅和编号方法、地形图分幅编号图、测站点的观测方法和要求、对地形要素的表示和对地形的要求、地形图清绘方法、整饰规格以及复制方式。若采用新技术、新仪器、新方法测图时,在设计方案中应对其先进性和成图精度进行详细说明。

④工作量统计、计划安排和经费预算

a. 工作量统计:根据设计方案,分别计算各工序的工作量。

b. 进度计划:根据工作量统计和计划投入的人力物力,参照生产定额,分别列出各期进度计划和各工序的衔接计划。

c. 经费预算:根据设计方案和进度计划,参照有关生产定额和成本定额,编制分期经费和总经费计划,并作必要的说明。

工作量统计、计划安排和经费预算一般应编制专门的图表,这些图表可以形象地反映劳动组织、工作进程、工序衔接和经费开支,便于迅速准确地了解工作任务的全貌,及时指挥生产。

⑤上交资料清单

数字测图的成果除地形原图外,还有各种其他资料。用图单位根据生产建设的需要,地形测图的成果资料也有具体的要求。技术设计书中应列出用图单位要求提交的所有资料的清单。

⑥建议和措施

为顺利地完成测绘任务,还应就如何组织力量、提高效益、保证质量等方面提出建议。并指出业务管理、物资供应、膳宿安排、交通设备、安全保障等方面必须采取的措施。

5.技术设计的一般规定

(1)技术设计目的

技术设计的目的是制定切实可行的技术方案,保证测绘产品符合技术标准和用户要求,并获得最佳的社会效益和经济效益。因此,每个测绘项目在作业前都必须进行技术设计。技术设计书未经批准不得实施。

(2)技术设计分类

技术设计可分为项目设计和专业设计。项目设计是指对具有完整的测绘工序内容,其产品可提供社会直接使用和流通的测绘项目而进行的综合性设计。构成测绘项目的有大地测量、地形测量、地图制图和印制、工程测量和多用途地籍测量基础资料测绘等。专业设计是在项目设计基础上,按工种进行具体的技术设计,是指导作业的主要技术依据。项目设计由承担测绘任务的主管部门编写和上报,专业设计由测绘生产单位编写和上报。设计工作可委托测绘设计单位进行,亦可组织专职设计人员编写。

(3)技术设计的依据和基本原则

①技术设计的依据

主要有三个方面:一是上级下达任务的文件或合同书;二是有关的法规和技术标准;三是有关测绘产品的生产定额、成本定额和装备标准等。

②技术设计的基本原则

基本原则主要有五个方面：一是技术设计方案应先考虑整体后考虑局部，且顾及发展，要满足用户的要求，重视社会效益和经济效益；二是要从作业区实际情况出发，考虑作业单位的实力（人员技术素质和装备情况），挖掘潜力、选择最佳作业方案；三是广泛收集、认真分析和充分利用已有的测绘产品和资料；四是积极采用适用的新技术、新方法和新工艺；五是工作量大的项目，可将作业区划为几个小区，分别进行技术设计。

（4）对设计人员的要求

主要包括三个方面：一是设计人员首先要明确任务的性质、工作量、要求和设计的原则；二是设计人员应认真做好作业区情况的踏勘和调查分析工作；三是设计人员应对其设计书负责，要深入第一线检查了解设计方案的正确性，发现问题应及时处理。

（5）编写技术设计书的要求

主要包括三个方面：一是内容要明确、文字要简练。标准已有明确规定的一般不再重复，对作业中容易混淆和忽视的问题应重点叙述；二是采用新技术、新方法和新工艺时，要说明可行性研究或试生产的结果以及达到的精度，必要时可附鉴定证书或试验报告；三是名词、术语、公式、符号、代号和计量单位等应与有关法规和标准一致。

6. 技术设计书中图表的编绘

地形测图技术设计书是一项技术文献，在编写过程中必不可少的要用到一系列设计图、表，而且设计图、表能使有些应用文字很难叙述清楚的问题能够表达明了、形象直观。文字、图、表的密切配合使整个技术设计全貌和各作业工序之间的相互关系一目了然。因此设计图、表是技术设计书的重要组成部分，应重视图、表的编绘和设计。

（1）设计图

地形测图技术设计书中用到的设计图一般有以下几种：

①××测区平面控制测量点位布置图；

②××测区高程控制测量控制点分布图；

③××测区控制点标志埋设图。

设计图应有标题（图名、代号）、编制单位、编制者、审核者、日期及必要说明注记和图例。图的内容要能反映工作量，图面清晰明了，幅面大小适宜。

（2）表格

地形测图技术设计书中用到的表格有综合工作量表、工作进度计划表、经费预算表、主要物资器材表、已有资料利用情况表、预计上交成果资料表。

任务 3.3　草图法野外数据采集

3.3.1　任务目标

数字测图的基本思想是将地面上的地形要素（或称模拟量）转换为数字量，然后由电子计算机对其进行处理，得到内容丰富的电子图，需要时由图形输出设备（如显示器、绘图仪）输出地形图或各种专题图。数字测图通常分为野外数据采集和内业数据处理、绘图两部分，外业采集的绘图信息包括点的定位信息、连接信息和属性信息。草图法是在全站仪采集定位信息的同时，现场绘制观测草图，记录所测地物的形状并注记测点顺序号（即属性信息和连接信息），内业将观测数据传输至计算机，在测图软件的支持下，对照观测草图进行测点连线及图形编辑。通过学习本任务,会利用草图法进行野外数据采集等工作。

3.3.2　相关配套知识

地形图的要素主要包含地形要素、数学要素和整饰要素,其中数学要素和整饰要素都不在数据采集的范围内,数据采集实际上是对地形要素的采集,数字测图需要采集的地形要素信息又包括定位信息、连接信息和属性信息。

定位信息又称为点位信息,是用仪器在碎部测量中测得,最终以$[X,Y,Z(H)]$表示的三维坐标。点号在一个数据采集过程中是唯一的,根据它可以提取点位坐标,因此点号也属于定位信息。连接信息是指测点之间的连接关系,它包括连接点号和连接线形,据此可以将相关点连接起来。上述两种信息称为几何信息。

属性信息又称为非几何信息,用来描述地形点的特征和地物属性的信息,一般用拟定的特征码和文字表示,用来描述地物的类别、地理名称、单位名称、数量、强度等属性信息,例如楼层信息。数字测图的数据采集不仅要测定地形点的位置(坐标),还要知道是什么点,是道路还是房屋等,当场记下测点的属性信息,内业成图时才能选择正确的地形图图式绘制成图。

草图法通常利用全站仪或 GNSS-RTK 等测量设备直接测定碎部点的定位信息,即三维坐标,并用草图记录其连接关系及其属性,为内业成图提供必要的信息。定位信息是数字测图的基础工作,其质量好坏将直接影响成图质量与效率。

草图法的基本思路及作业流程如图 3-5 所示。

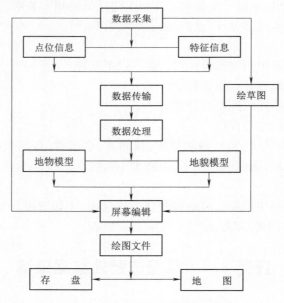

图 3-5　草图法基本作业流程

1. 草图法作业安排

测图方法不同,人员组织也不一样,一般而言,人员组织主要考虑两方面的内容:一是根据测区大小和总的测量任务确定各小组间的人员分配情况;二是具体到一个小组内的人员配备。

草图法是在全站仪或 RTK 采集数据(即定位信息)的同时,现场绘制观测草图,记录所测地物的形状并注记测点顺序号(即属性信息和连接信息),内业将观测数据传输至计算机,在测图软件中,对照观测草图将观测点连线及图形编辑。

草图法的人员配置和流程如下：

（1）全站仪野外数据采集

①仪器设备：全站仪、三脚架、棱镜、对中杆、备用电池、数据线、钢卷尺、记录用具、对讲机、测伞等。

②外业人员：观测员 1 人，领尺员（绘制草图）1 人，跑尺员 1～3 人。

③内业流程：联机传输数据→展点→根据草图绘制地形图。

（2）GNSS-RTK 野外测图

①仪器设备：GNSS 基站、电源、接收机、天线等。

②外业人员：观测员 1 人，领尺员（绘制草图）1 人。

③内业流程：联机传输数据→展点→根据草图绘制地形图。

2. 草图的绘制

草图也可称为工作草图，是内业绘图的依据，成果图质量的保证。如果测区有相近比例尺的地形图，可利用旧的地形图或影像图的复印件作为工作底图进行草图绘制，也可以在碎部点采集时绘制。草图可按地物的相互关系分块绘制，也可按测站绘制，地物密集处可绘制局部放大图，也可用文字辅助说明。草图的绘制要遵循清晰、易读、相对位置准确、比例一致的原则。

绘制草图的人员要对各种地物地貌有一个总体的概念，知道不同形状的地物应该采集几个点，例如一般点状地物采集一个点，线状地物采集两个或三个点，面状地物采集轮廓线的拐点等，这就要求学生熟悉图形绘制软件和地形图图式。

绘制草图时要注意图上点号标注清楚、准确，一定要与全站仪或 RTK 手簿里记录的点号保持一致。工作草图记录的主要内容包括地物的相对位置、点名、丈量距离记录、地貌的地形线、地理名称和说明注记等。按测站绘制时，应注记测站点点名、北方向、绘图时间、绘图者姓名等，最好在每到一测站时，整体观察一下周围地物，尽量保证一张草图把一测站地物表示完全，可对地物特别密集处标上标记、另起一页的方法表示，草图样例如图 3-6 所示。

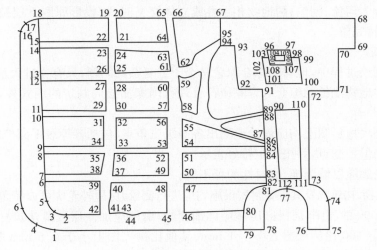

图 3-6　草图样例

数字测图过程中的草图绘制并不是一成不变的，可以根据自己的习惯和理解绘图，不必拘泥于某种形式，只要能够保证可以顺利的完成内业软件成图即可。

需要特别提醒的是，由于草图法所有的属性信息和连接信息全部记录在草图上，一旦草图损毁或丢失将造成内业无法准确有效的编辑地形图,甚至无法编辑地形图。因此除了妥善保存草图原图外,还应使用随身携带的手机或其他带照相功能的数码产品不定时对草图进行拍照,对草图记录的绘图信息进行备份,降低或避免由于草图损毁或丢失造成的损失。

3. 地物特征点采集

地物特征点指决定地物形状的地物轮廓线上的转折点、交叉点、弯曲点及独立地物的中心点等。地形图应表示定位基础、居民地及附属设施、独立地物、管线及境界、公路、水系、植被等各项地物要素,并突出公路规划、设计、建设、管理等各项有关要素。

（1）地物测绘通用原则

①行业规范和国家标准（如《地形图图式》）是地物测绘的依据。

②地物测绘要遵循"看不清不测"的原则。

③依据测图比例尺,按相应的地形测量规范和《地形图图式》的要求,能依比例尺的地物要测定其轮廓点,使其与实地地物相似。

④半依比例尺的地物要测定其中心线。

⑤不依比例尺的地物要准确测定其中心位置,并以相应的地物符号表示。

⑥遵守地物测绘综合取舍原则:

a. 要求地形图上的地物位置准确、主次分明,符号运用恰当、充分反映地物特征,图面清晰、易于使用;

b. 保留主要、明显、永久地物,舍弃次要、临时性地物。对有方位意义及对勘测、设计、规划、施工等重要参考意义的地物,要重点表示;

c. 当两种地物符号在图上较为密集、不能容纳时,可将主要的地物精确表示,次要的适当位移表示,位移时应保持其相对位置的正确,保持总貌和轮廓特征;

d. 许多同类地物聚集于一处,不能逐一表示时,可综合为一个整体表示,如相邻的几幢房屋可表示为街区;密集地物无法表示又不能综合或移位时,取其主要地物,舍弃次要地物,如密集池塘不能综合为河流、湖泊;两地物相重叠或立体交叉时,按投影原则下层被上层遮盖的部分断开,上层保持完整。

（2）特殊规定

在地形图测绘过程中,地物的综合取舍是个十分复杂的问题,只有通过大量的实践才能较为正确的掌握。地物测绘的综合取舍除应符合现行国家测绘局制定的图式外,还应遵守下列各项规定。

①各种比例尺地形图上均应展绘或测出各等级三角点（包括各等级平面控制点）、图根点、水准控制点等测量控制点,并按规定符号表示。

②房屋外轮廓应以墙为准,临时性的可不测。

③各类建筑物、构筑物及其主要附属设施均应进行测绘,房屋外轮廓可以墙角为准。1:500、1:1 000、1:2 000 的测图,居民区房屋应详细测绘,房屋应加注层数及建筑材料。当建筑物的轮廓凹凸在 1:500 比例尺图上小于 1 mm、其他比例尺图上小于 0.5 mm 时,可用直线连接。地物能按比例尺表示的应实测外轮廓,填绘符号;不能按比例尺表示的,应准确表示其定位点或定位线。

④防空巷道等地下设施,宜测量出口、竖井平面位置和高程。

⑤测绘 1:500 和 1:1 000 比例尺的房屋建筑区地形图时,房屋宜单座测绘;测绘小于1:2 000 比例尺的建筑区地形图时,可进行综合测绘;狭窄的巷道可不单绘。

⑥独立地物,能按比例尺表示的,应实测外廓;不能按比例尺表示的,应准确标出其位置。

⑦各种比例尺地形图的线状地物,如管线、高低压线等应实测其支架或电杆的位置。高压线路应注明千伏安;同高压线交叉时,应实测其悬垂线与地面的最小垂直距离。线路密集或居民区的低压电线、通信线可根据用途需要测绘,管线转角均应实测。测区范围内有重要的通信电缆等地下管线时,必须详细测定其位置。线路密集时,居民区的低压电线、通信线和各种管线的检修井可择要测绘。

⑧公路及其附属物应按实际形状测绘。较宽公路的中心线及公路平交时的交叉中心应标注高程;乡间道路可择要测绘;公路经过村镇时,图上不应中断,应按真实位置测绘。测绘已建公路应施测路肩边缘,并标注路面类型;公路里程碑应实测其点位,并注明里程数;公路交叉口处应注明每条公路的走向;人行小道可视需要测绘。

⑨铁路曲线段应标注内轨面高程。铁路应标注轨面高程,曲线段标注外轨面高程。铁路与公路图应在图上每约 0.1 m(山区公路 0.05 m)处及地形起伏变换处、桥隧建筑物等处测注高程点。

⑩水系测绘应符合的规定:

a. 河流、湖泊、水库、池塘、沟渠、泉眼、水井等按实际情况测绘;比例尺小于 1∶2 000 的地形图上,泉眼和水井用符号表示;

b. 干涸自然河流、冲沟按地形特征测绘;

c. 湖泊、水库、池塘、河流、渠道等的水域部分均测量水底高程;

d. 图上河流宽度小于 0.5 mm、渠道实际宽度小于 0.8 m 时,用单线表示;

e. 海岸线按平均大潮高潮所形成的实际痕迹进行测绘;

f. 沿海灯塔、灯桩均测量灯光中心高程,并从平均大潮高潮面起算。

⑪堤坝应标注顶部与坡角高程,涵洞应标注洞底高程。

水井应标注井台高程;泉眼应标注泉口高程;陡坡应标注坡顶、坡底高程或标注比高;下水道井盖应标注井盖高程,比例尺大于 1∶1 000 的测图还应标注井底高程。

4. 地貌特征点采集

地球表面的形态,可被看作是由一些不同方向、不同倾斜面的不规则曲面组成,两相邻倾斜面相交的棱线,称之为地貌特征线(地性线)。如山脊线、山谷线即为地性线。在地性线上比较显著的点有山顶点、洼地的中心点、鞍部的最低点、谷口点、山脚点、坡度变化点等,这些点称之为地貌特征点。表 3-2 为地形点平均间距。

表 3-2 地形点平均间距

比例尺	1∶500	1∶1 000	1∶2 000
地形点平均间距(m)	25	50	100

(1)地貌测绘的注意事项

①开始工作前,应先观察地貌总体特征和细部特征,根据实际情况确定跑尺路线;

②正确选择立尺点,注意选择地性线的坡度和方向变换点作为立尺点;

③正确掌握立尺的密度,一般在图上间隔为 3~4 cm 内有点;

④要及时连接地性线,以构成形象的地貌骨架。

(2)地貌测绘综合取舍原则

①地貌一般以等高线表示,特征明显的地貌不能用等高线表示时,应以规定符号表示。山顶、鞍部、凹地、山脊、谷底及倾斜变换处,应测记高程点;

②露岩、独立石、梯田坎应测记比高，斜坡、陡坎比高小于1/2基本等高距（表3-3）或在图上长度小于5 mm时可舍去。当坡、坎较密时，可适当取舍。

表3-3　地形图的基本等高距（m）

地形类别	比例尺		
	1∶500	1∶1 000	1∶2 000
平坦地	0.5	0.5	1
丘陵	0.5	1	2
山地	1	1	2
高山地	1	2	2

5.全站仪野外数据采集

（1）全站仪测图方法与技术要求

①全站仪测图的仪器安置及测站检核，应符合下列要求：

a.仪器的对中偏差不应大于5 mm，仪器高和反光镜高的量取应精确至1 mm。

b.应选择较远的图根点作为测站定向点，并施测另一图根点的坐标和高程，作为测站检核。检核点的平面位置较差不应大于图上0.2 mm，高程较差不应大于基本等高距的1/5。

c.作业过程中和作业结束前，应对定向方位进行检查。

②全站仪测图的测距长度不应超过表3-4的规定。

表3-4　全站仪测图的最大测距长度（m）

比例尺	1∶500	1∶1 000	1∶2 000
最大测距长度	200	350	500

当布设的图根点不能满足测图需要时，应采用极坐标法增设少量测站点。

③数字地形图测绘，应符合下列要求：

a.当采用草图法作业时，应按测站绘制草图，并对测点进行编号。测点编号应与仪器的记录点号相一致。草图的绘制，宜简化表示地形要素的位置、属性和相互关系等。

b.在建筑密集的地区作业时，对于全站仪无法直接测量的点位，可采用支距法、交会法等几何作图方法进行测量，并记录相关数据。

④全站仪测图，可按图幅施测，也可分区施测，按图幅施测时，每幅图应测出图廓线外5 mm，分区施测时，应测出区域界线外图上5 mm。最后对采集的数据应进行检查处理，删除或标注作废数据、重测超限数据、补测错漏数据，对检查修改后的数据，应及时与计算机联机通信，生成原始数据文件并做备份。

（2）数据采集准备工作

①仪器器材与资料准备

实施人野外数据采集作业前，应准备好仪器、器材、控制成果和技术资料。仪器、器材主要包括全站仪、脚架、对讲机、绘制草图所需的图纸与画板、备用电池、通信电缆、花杆、反光棱镜、皮尺或钢尺等。作业前除先要认真准备，还要将已知点数据录入全站仪或电子手簿中，并对全站仪进行必要的检验和校正。

②作业组织

a.测区较广时，为了便于多个作业组作业，在野外采集数据之前，通常要对测区进行"作业区"划分。一般以沟渠、道路等明显线状地物将测区划分为若干个作业区域。对于地籍测量来说，一般以街道为单位划分作业区域。分区的原则是各区之间的数据(地物)尽可能地独立。

b. 为切实保证野外作业的顺利进行，出测前必须对作业组及作业组成员进行合理分工，根据各成员的业务水平、特点，选好观测员、记录员(绘制草图或记录点号及编码)、立镜员等。合理的分工组织，可大大提高野外作业效率。

c. 人员配备根据作业模式不同略有差异，测记法施测时作业人员一般配置为观测员 1 人，领尺员(绘制草图)1 人，立镜员 1～3 人。

(3)草图法数字测图碎部点采集流程

草图法数字测图碎部点采集是指外业使用全站仪测量碎部点三维坐标的同时，领图员绘制碎部点构成的地物形状和类型并记录下碎部点点号(必须与全站仪自动记录的点号一致)。内业将全站仪或电子手簿记录的碎部点三维坐标，通过测图软件传输到计算机，转换成软件能识别的坐标格式文件并展点，根据野外绘制的草图在成图软件中绘制地物，如图 3-7 所示。

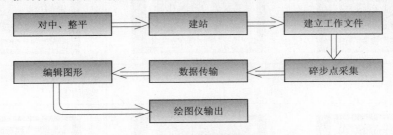

图 3-7　草图法数字测图的流程

(4)全站仪野外数据采集步骤

①安置仪器：在控制点上安置全站仪，检查中心连接螺旋是否旋紧，对中、整平、量取仪器高、开机。

②创建文件：在全站仪的内存或电子记录手簿中选择或创建一个文件用于存储即将测量的碎部点数据。在创建文件时最好将文件名改为自己容易记录或识别的文件名，并做好记录，便于后续数据传输时容易找出数据所在的文件。

③测站定向：先输入测站点信息，按提示输入测站点点号及标识符、坐标、仪高，后视点点号及标识符、坐标、镜高，仪器瞄准后视点，进行定向。

创建一个新的作业　　　　　　　测站定向

④测量碎部点坐标：仪器定向后，即可进入"测量"状态，采点开始，观测员照准反射棱镜，输入棱镜高度，在全站仪或电子手簿上按操作键完成测量及记录工作，同时向棱镜处的记录员报告全站仪或电子手簿按测点顺序保存的测点号，进入下一点的采集(具体操作步骤见表 3-5)。记录员在棱镜处记录测点点号及属性信息编码，或通过绘制草图的方法把所测点的属性及所测点之间的相互关系在草图上显示出来，以供内业处理、编辑图形时用。在野外采集时，能采集到的点要尽量测，实在测不到的点可利用皮尺或钢尺量距。当记录员确定已全部测

完当前测站所能采集的所有点后,通知观测员迁站,一个测站的工作结束。然后搬站到下一测站,重新按上述采集方法、步骤进行数据采集。

⑤临时测站点的测量:在数据采集过程中,有些碎部点用已有的控制点无法测到,这时需临时增加一个测站点,也就是我们常说的支导线点。临时测站点的测量是根据前述的碎部点测量中的测量方法进行,只是在测量之前要输入临时测站点的测站名而已,方法不变;其所得到的坐标数据同样被保存在文件中。为提高临时测站点的测量精度,可以通过重复观测取平均值或者对向观测等方法提高测量精度。

全站仪坐标测量

表 3-5　全站仪(索佳 250)坐标测量的操作步骤

Step1:在初始界面按<内存>键(F3)

Step2:通过上下键选择<文件操作>,按回车键

Step3:通过上下键选择<文件选取>,按回车键

Step4:通过上下键选择<:JOB1>,按列表键(F1)

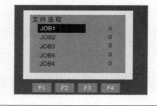

Step5:通过上下键选择<:JOB1>,按回车键

Step6:通过上下键选择<坐标文件>下的<:JOB1>,按回车键

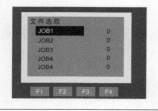

Step7:通过上下键选择<:JOB1>,按回车键

Step8:通过<:SFT>键切换输入法,根据需要输入文件名,按回车键退出

Step9:按<ESC>键返回至最初的界面,按<测量>键(F1)

Step10:按<坐标>键(F4)

Step11:通过上下键选择<测站定向>,按回车键

Step12:通过上下键选择<测站坐标>,按回车键

	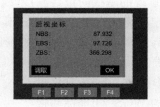	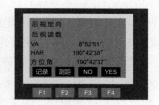
Step13：输入测站点坐标、点号、目标棱镜高，核对无误，按坐标键<F3>	Step14：输入后视定向点坐标，核对无误，按 OK 键<F4>	Step15：精确瞄准后视点以后，按 YES 键<F4>

Step16：瞄准后视定向点后，按回车键测量，检核定向是否正确	Step17：检核无误后，按记录键<F4>进行数据保存	Step18：输入点号、目标高，按 OK 键<F1>保存记录坐标数据

6. GNSS-RTK 数据采集

RTK 是 GNSS 载波相位实时动态差分定位技术的简称。RTK 测量在合适的观测条件下，能够实时进行厘米级精度的定位测量，在控制测量、地形测量、工程测量等诸多测量领域得到广泛应用，可完成水准仪、经纬仪、全站仪等常规测量仪器承担的工作，并显著的提高作业效率和精度。

（1）GNSS-RTK 系统的组成

GNSS-RTK 系统由基准站、若干个流动站及无线电通信系统三部分组成。基准站包括 GNSS 接收机、GNSS 天线（天线内置于 GNSS 接收机）、无线电通信发射系统、供 GNSS 接收机和无线电台使用的电源（12 V 蓄电瓶）及基准站控制器等部分。流动站由 GNSS 接收机、GNSS 天线（天线内置于 GNSS 接收机）、无线电通信接收系统、供 GNSS 接收机和无线电使用的电源及流动站控制器等部分组成。GNSS RTK 系统结构图如图 3-8 所示。

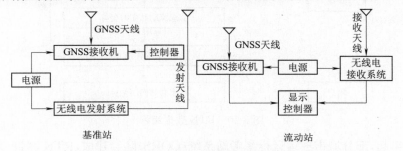

图 3-8　GNSS RTK 系统结构图

（2）GNSS-RTK 工作原理

GNSS 系统包括三大部分，即地面监控部分、空间卫星部分、用户接收部分。各部分均有各自独立的功能和作用，同时又相互配合形成一个有机整体系统。对于静态 GNSS 测量系统，GNSS 系统需要两台或两台以上接收机进行同步观测，记录的数据用软件进行处理后可得到两测站间的精密 WGS-84 坐标系统的基线向量,经过基线向量解算、自由网平差、约束平差等工作,才能获取待测点的坐标,现场无法直接求得结果,不具备实时性。因此,GNSS 静态测量很难直接应用于实时性要求较高的测量工作,特别是地形图的测绘。

RTK 实时相对定位原理如图 3-9 所示。在 RTK 作业模式下,基准站和移动站同步接收 GNSS 卫星信号,基准站通过数据链,将基准站的 WGS-84 坐标和接收到的载波相位信号(或载波相位差分信号)发射出去,移动站在接收卫星信号的同时,也通过数据链接收基准站发射的信号,移动站根据两路信号,利用专业软

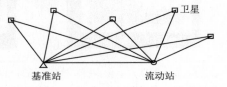

图 3-9　RTK 实时相对定位示意图

件进行解算,精确计算出基准站和移动站的空间位置关系,移动站实时得到高精度的相对于基准站的 WGS-84 三维坐标,然后通过坐标转换和高程拟合,计算出待测点目标坐标系下的坐标。数据流程如图 3-10 所示。

RTK 测量技术的关键在于数据的实时传输。早期数据传输一般通过数传电台来实现,随着无线网络的兴起,GNSS 技术应用日益广泛,且不断发展,数据传输由原先的电台,发展到现在的 GPRS、CDMA 等无线网络,大大提高了数据的传输效率和传输距离,RTK 测量由传统的基准站加移动站模式,发展到了广域差分系统模式。由多基站构成网络式的 GNSS 服务体系,已成为 GNSS 技术发展的目标。网络 RTK 技术提供了高精度的统一的空间参考框架和一个高效率的空间定位数据采集手段,在实时动态定位领域取得了革命性的进步。

GNSS-RTK 实时
动态定位测量

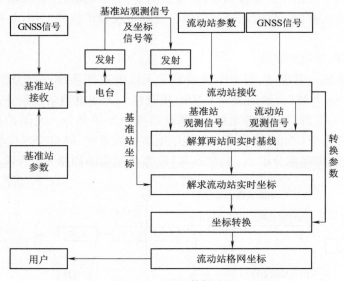

图 3-10　RTK 数据流程

从 2000 年起,部分城市连续运行参考站系统(CORS)陆续建成,RTK 测量实现了无需架设基准站,定位的可靠性和精度相对较高、作业范围更大,可全天候的获得厘米级实时定位精度。

(3)RTK 测绘地形图的作业过程

利用 RTK 对地形图野外数据采集过程主要包括基准站设置、电台设置、数据采集等过程,本任务以华测 X900GNSS 为例,叙述 GNSS 野外数据采集操

GNSS-RTK
作业模式

作过程。

①电台模式移动站、基站设置

作业前,首先要对基准站进行设置。基准站可架设在已知点上,也可架设在未知点上,然后根据仪器说明书设置基准站参数。

基准站的架设包括电台天线的安装以及电台天线、基准站接收机、DL3 电台、蓄电池之间的电缆连线。基准站应当架设在视野开阔区域,这样有利于卫星信号的接收及基准站无线电信号发射。首先将基准站架设在未知点上,将基准站接收机与手簿连接好,进行基准站设置,设置完成后段开连接,基准站接收机与电台主机连接,电台主机与电台天线连接好;基准站接收机与无线电发射天线最好相距 3 m 开外,最后用电缆将电台和电瓶连接起来,但应注意正负极。注意事项:无线电发射天线,不是架设的越高越好,应根据实际情况调整天线高度。风大时天线尽量架低以免发生意外。

实际操作过程如下:

a. 仪器蓝牙连接

首先进行基准站蓝牙连接,点击【配置】→【连接】,弹出蓝牙设备连接界面,如图 3-11 所示。

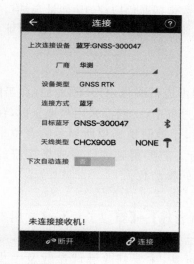

图 3-11　蓝牙连接界面　　　　　　　华测仪器蓝牙连接

设备类型可选择 GNSS-RTK 或智能 RTK,连接方式为蓝牙,目标蓝牙为基准站 GNSS 接收机的 SN 号,若蓝牙管理列表中无基准站蓝牙设备,可通过搜索蓝牙设备,完成蓝牙配对与连接。

b. 基准站设置

点击【配置】→【工作模式】,主机工作模式可选择默认的自启动基准站,此时基准站使用默认参数,该工作模式下基准站参数不可编辑;也可通过新建工作模式的方式完成基准站设置,将仪器模式设置为自启动基准站,并按照实际情况对基准站主机数据链、差分数据格式、功率以及电台通道进行设置,如图 3-12 所示。设置完成后通过基准站观察电台通信灯(TX 灯)是否红色闪烁,若是,表示基准站设置完成。图 3-13 为移动电台模式设置界面。

移动站电台设置:移动站设置与基准站设置类似,首先将手簿与移动站接收机蓝牙连接,操作过程与基准站蓝牙连接相同;然后进行移动站工作模式设置,工作方式选择自启动移动站,接收方式可为电台、手簿差分、网络。

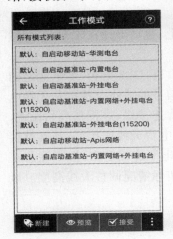
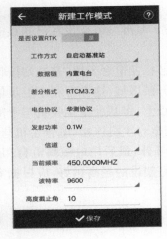

图 3-12　基准站设置界面

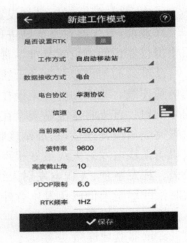

图 3-13　移动电台模式设置界面

电台模式下设置参数主要包括信道、频率及波特率等;

手簿网络模式下设置参数包括通信协议、IP 地址与端口等;

网络模式下设置参数主要包括通信协议、域名/IP 地址、端口、APN 等。

②流动站数据采集

移动站在固定状态下即可进行测量,打开测地通,点击【测量】→【点测量】,在实际作业过程中,一般都采用当地坐标,在移动站得到固定解进行测量时,手簿测地通里所显示的点位坐标值是 GNSS 坐标系下的坐标。若要得到和已有成果相符的坐标,则需要做"点校正",获取转换参数。

a.确定坐标系统

打开测地通,点击【工程管理】→【新建工程】→【常用坐标系】→【坐标系管理】,根据已知点选取所需要的坐标系,一般来说坐标系选择为地方坐标系,主要修改椭球参数及中央子午线(可根据当地经度或者已知点坐标计算出 3°带或 6°带的中央子午线),而【基准转换】【平面校正】【高程拟合】【校正参数】都无需设置,点校正后参数将自动保存到此处。图 3-14 为坐标系管理界面。

图 3-14　坐标系管理界面

假设测区内有 K4、K5、K7 三个已知点具有地方坐标,但不具有 WGS-84 坐标,已知条件如下:坐标系统:北京 54 坐标;中央子午线:120°;投影高度:0;已知点 K4、K5、K7 坐标值为

K4——X:3846323.456;　Y:71415.201;　H:116.345。

K5——X:3839868.970;　Y:474397.852;　H:109.932。

K7——X:3840713.658;　Y:473917.956;　H:108.419。

b.新建保存任务

打开测地通,点击【项目】→【工程管理】,设置一个文件名,选择跟已知点相匹配的"坐标系统",如"国家 2000 大地坐标系",点击【确定】。

c. 输入已知点

点击【点管理】→【添加】,输入已知点点名为 K4,坐标系统选择本地 NEH,角色选择控制点,依次输入本地 N(北坐标)、本地 E(东坐标)、本地 H(高程),点击【确定】,再继续输入 K5、K7 已知点,点击【确定】。

d. 点校正

测量已知点,找到 K4、K5、K7 的实地位置,点击【测量】→【测量点】,测量出三个点的坐标,分别命名为 K4-1、K5-1、K7-1,三个点必须在同一个 BASE 下,测量后开始进行点校正。

校正方法:【测量】→【点校正】。

点击【添加】,在 GNSS 点名称和已知点名称两项控件里分别选择实测的 WGS-84 坐标 K4-1 和已知当地平面坐标 K4,校正方法选中"水平和垂直",如图 3-15 所示。重复点击【添加】,加入校正点 K5-1、K7-1 和 K5、K7,点击【计算】得出校正参数,再点击【应用】完成校正。

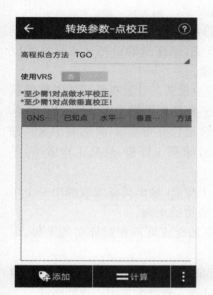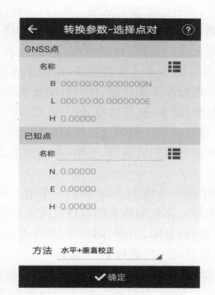

华测仪器点校正

GNSS-RTK 点测量

图 3-15　点校正界面

e. 重设当地坐标

在每个测区进行测量和放样的工作有时需要几天甚至更长的时间,为了避免每天都重复进行点校正工作或者每次测量前需将基站架在已知点上,可以在每天开始测量工作以前先"基站平移"(即基准站为任意架设或设置成自启动基站,移动站找寻某个控制点做平移的过程)。

方法:首先测量已知点,找到 K4 的实地位置,选择【测量】→【测量点】,测量出一个已知点的 GNSS 坐标,命名为 K4-1。点击【点管理】→【添加】,输入已知点点名为 K4,坐标系统选择本地 NEH,角色选择控制点,依次输入本地 N、本地 E、本地 H,点击【确定】。点击【测量】→【基站平移】,在 GNSS 点名称和已知点名称两项控件里分别选择实测的 WGS-84 坐标 K4-1 和已知当地平面坐标 K4,查看计算结果中基准站北平移量,东平移量及高程平移量,点击【确定】后即完成坐标改正操作。图 3-16 为基站平移界面。

f. 数据导出

打开测地通,点击【项目】→【导出】,可设置导出数据内容,主要包括测量点、输入点及基站点以及测量时间；导出点坐标类型（平面坐标或经纬度）；导出数据格式及文件格式。利用蓝牙或 WIFI 将数据传输至计算机进行地形图绘制。

图 3-16　基站平移界面

7.外业数据采集注意事项

和传统方法一样，大比例尺数字测图野外数据采集也是采集测区的地形、地物的特征点，也就是正确描述地形、地物所必须的定位点。数字测图技术的成果精度，是以地物点相对于邻近图根点的位置中误差和等高线（地形点）相对于邻近图根点的位置中误差来衡量的。因此在野外数据采集时点位的选取与立镜员立镜的质量，就显得至关重要。

（1）描述测点间关系和地形、地物属性的记录是非常重要的，若无正确的、清晰的记录，所测的定位信息仅仅是一群离散的、关系不清的点而已，没有办法编辑成图。所以，与传统测图方法不同的是，数字测图工作实际上主要是在棱镜处进行的，测点记录人员（绘草图人员）不仅要熟悉地形、地物的表示方法，迅速地确定特征点采集的位置，还要能做出清晰、明了的关系及属性记录，以确保成果质量。

（2）数字测图是采用野外采集数据、计算机编辑成图的作业模式。计算机编辑成图软件具有移动、旋转、缩放、复制、镜像、直角转弯、隔点正交、闭合等多种图形编辑功能，因而在野外采集数据中记录员应指导立镜员正确的选择地物的特征点，结合地物分布情况，灵活利用这些方法，处理具有相同形状或对称性的地形、地物，有效地减少野外采集工作量，提高工作效率，尽量做到不漏测、不多测。

①任何依比例的矩形形状地物，只要测出一条边上的两个角点，量出其宽度或测出三个角点的点位，即可在内业由计算机编辑成图软件完成矩形形状地物的绘制。

②房屋的附属建筑（如台阶、门廊、阳台等）和房屋轮廓线的交点可不在野外实地采集，可利用计算机编辑成图软件相关功能绘制。

③依比例的平行双线地物，如道路、沟渠等，采集其一边特征点，丈量其宽度或采集对边一点位坐标。依比例不平行的地物，如河流等，需采集两侧边线特征点。铁路采集中心点的坐标。

④圆形地物应在圆周上采集均匀分布的三点坐标，较小的圆也可采集直径方向的两个点的坐标。

（3）地物数据采集的采点方法：

①地物较多时，最好采取分类立镜采点，以免绘图员连错，不应仅因立镜员方便而随意立镜采点。例如立镜员可沿道路立镜，测完道路后，再按房屋立镜。当一类地物尚未测完，不应转到另一类地物上去立镜。

②当地物较少时，可从测站附近开始，由近到远，采用螺旋形线路立镜采点。待迁测站后，立镜员再由远到近以螺旋形立镜路线回到测站。

③若有多人立镜，可以测站为中心，划成几个区，采取分区专人包干的方法立镜，还可按地物类别分工立镜采点。

（4）地貌数据采集中的采点方法

由于绘图软件自动绘制等高线所采用的算法有两种，即ⓐ在尽可能构成锐角三角形的前提下，将相距最近的三个碎部点作为顶点构成三角形；ⓑ若等值点通过三角形的某一条边，则按线性内插的方法确定其在该三角形边上的位置。所以,当在需要勾绘等高线的区域内的地貌进行数据采集时,应特别注意以下几点。

①陡坎、陡坡数据采集法。有陡坎或陡坡时,除坎(坡)顶要采集高程点外,坎(坡)底也要采集高程点,或者量取坎(坡)高,在内业数据处理时输入。否则,坎(坡)顶的点会和远离坎(坡)相对较为平缓处的点构成三角形边,使得等高线反映不出陡坡、陡坎处较为密集,而其余地方较为稀疏的特征。

②沿山脊线和山谷线数据采集法。当地貌比较复杂,立镜员从第一个山脊的山脚开始,沿山脊线往上跑尺。到山顶后,又沿相邻的山谷线往下跑镜直至山脚;然后又跑紧邻的第二个山脊线和山谷线,直至跑完为止。这种跑镜方法,立镜员的体力消耗较大。

③沿等高线跑尺法。当地貌不太复杂,坡度平缓且变化均匀时,立镜员按"之"字形沿等高线方向一排排立尺。遇到山脊线或山谷线时顺便立尺。这种跑镜方法既便于内业绘等高线;同时,立尺员的体力消耗较小,但内业成图时,容易判断错地性线上的点位。故内业绘图时要特别注意对于地性线的连接。在内业建立 DTM 时应点选"建模过程考虑陡坎"和"建模过程考虑地性线"。

 相关规范、规程与标准

数字测图测量规范(规程)是国家测绘管理部门或行业部门制定的技术法规,本次数字测图技术设计依据的规范(规程)有:

1.《国家基本比例尺地图图式 第1部分:1∶500 1∶1 000 1∶2 000 地形图图式》(GB/T 20257.1—2017);

2.《卫星定位城市测量技术标准》(CJJ/T 73—2019);

3.《1∶500 1∶1 000 1∶2 000 外业数字测图规程》(GB/T 14912—2017);

4.《基础地理信息要素分类与代码》(GB/T 13923—2006);

5.《工程测量标准》(GB 50026—2020)。

 **拓展知识**

碎部点测算原理与方法

1."测算法"的基本思想

在野外数据采集时,使用全站仪(主要是极坐标法)测定一些"基本碎部点",再用勘丈法(只丈量距离)测定一部分碎部点的位置,最后充分利用直线、直角、平行、对称、全等等几何特征,在室内计算出所有碎部点的坐标。

"基本碎部点"指用仪器法测定的,能满足其他测定碎部点方法的必要起算点。测算法主要分为仪器法、勘丈法、计算法。

2.仪器法

仪器法主要包括极坐标法、直线延长偏心法、距离偏心法、角度偏心法、方向直线交会法等五种方法。

(1)极坐标法

极坐标法测量精度高,是测量碎部点坐标所采用的最普遍的方法。图3-17中,O、Z为已知点,P_i为待测点;其计算原理如下:

$$X_i = X_Z + D_i\cos\alpha_{Z_i}$$
$$Y_i = Y_Z + D_i\sin\alpha_{Z_i} \tag{3-2}$$
$$H_i = H_Z + D_i\tan A_i + I - R_i$$

式中,α_{Z_i}为ZP_i的坐标方位角,$\alpha_{Z_i} = \alpha_{Z_Q} - \angle PZO$。

(2)直线延长偏心法

如图3-18所示,Z为已知点,B为待测点,但Z、B之间被障碍物阻挡,无法通视,A、B、B'在同一直线上,可先测量A、B'的坐标,然后计算出B点坐标。计算公式如下:

$$X_B = X_{B'} + d\cos\alpha_{AB'}; Y_B = Y_{B'} + d\sin\alpha_{AB'} \tag{3-3}$$

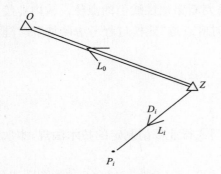

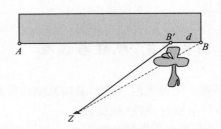

图3-17　极坐标法原理图　　　　　　　图3-18　直线延长偏心法原理图

(3)距离偏心法

如图3-19所示,Z点为已知点,B点位待测点,但由于各种原因B点无法安置棱镜,导致不能直接观测B点,这时,可以在B点前后或左右选取两个点观测,进而求得B点的坐标。

①偏心点位于目标前方或后方(B_1、B_2)时

$$\left.\begin{array}{l} X_B = X_Z + (D_{ZB_i} \pm \Delta D_i)\cos\alpha_{ZB} \\ Y_B = Y_Z + (D_{ZB_i} \pm \Delta D_i)\sin\alpha_{ZB} \end{array}\right\} \tag{3-4}$$

当$i=1$时,取"+";当$i=2$时,取"−"。式中,$\alpha_{ZB} = \alpha_{ZO} + L_B$,$\alpha_{ZO}$为定向线坐标方位角,$L_B$为直线$ZB$与直线$ZO$之间的夹角。

②当偏心点位于目标点B的左边或右边(B_3、B_4)时,偏心点至目标点的方向和偏心点至测站点Z的方向应成直角。当偏心距大于0.5 m时,直角必须用直角棱镜设定。

$$\left.\begin{array}{l} X_B = X_{B_i} + \Delta D_i \cdot \cos\alpha_{B_iB} \\ Y_B = Y_{B_i} + \Delta D_i \cdot \sin\alpha_{B_iB} \end{array}\right\} \tag{3-5}$$

式中,$\alpha_{B_iB} = \alpha_{ZO} + L_i \pm 90°$,当$i=3$时,取"+";当$i=4$时,取"−"。

③在条件允许的情况下,如图3-20所示,当偏心点位于目标点B的左边或右边(B_1、B_2)时,选择偏心点至测站点的距离为与目标点B至测站点的距离相等处(等腰偏心测量法),可先测得B_i的坐标和B_iB之间的距离,B点的坐标可按式求得。

$$\left.\begin{array}{l} X_B = X_{B_i} + d \times \cos\alpha_{B_iB} \\ Y_B = Y_{B_i} + d \times \sin\alpha_{B_iB} \end{array}\right\} \tag{3-6}$$

式中，$\alpha_{B_iB} = \alpha_{B_iZ} \pm \beta$，$\beta = 90° - \dfrac{\theta}{2}$，$\theta = \dfrac{d \times 180°}{\pi D}$。

（4）角度偏心法

如图 3-21 所示，Z 点为已知点，B 点为待测点，Z、B 由于障碍物阻挡无法通视，可在 B 点左右两侧附近选取两对称点 B_1 和 B_2（B_1、B_2 到 Z 点的距离与 B 到 Z 的距离相等）进行角度观测，测出 $\angle B_1ZB_2$，则 $\angle BZB_2 = \dfrac{1}{2}\angle B_1ZB_2$，再根据测量所得的直线 ZB_2 和起始方向 ZO 之间的夹角，求出 α_{ZB}。则由于各种原因 B 点无法安置棱镜，导致不能直接观测 B 点时，可以在 B 点前后或左右选取两个点观测，进而求得 B 点的坐标。

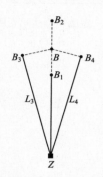

图 3-19　距离偏心法 1、2

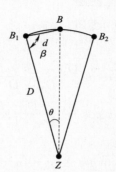

图 3-20　距离偏心法 3

图 3-21　角度偏心法

$$\left.\begin{array}{l} X_B = X_Z + D_{ZB} \cdot \cos\alpha_{ZB} \\ Y_B = Y_Z + D_{ZB} \cdot \sin\alpha_{ZB} \end{array}\right\} \tag{3-7}$$

（5）方向直线交会法

如图 3-22 所示，Z 为测站点，A、B 为可直接测量点，i 为直线 AB 上无法直接观测的一点。可通过 Z、A、B 三点的坐标计算出 i 点的坐标，公式如下：

$$\left.\begin{array}{l} X_i = \dfrac{X_A \times \cot\beta + X_Z \times \cot\alpha - Y_A + Y_Z}{\cot\alpha + \cot\beta} \\[3mm] Y_i = \dfrac{Y_A \times \cot\beta + Y_Z \times \cot\alpha + X_A - X_Z}{\cot\alpha + \cot\beta} \end{array}\right\} \tag{3-8}$$

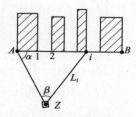

图 3-22　方向直线交会法

式中，$\alpha = \alpha_{AZ} - \alpha_{AB}$，$\beta = \alpha_{Z_i} - \alpha_{ZA}$，$L_i = \alpha_{Z_i}$，$\beta = L_i - \alpha_{ZA}$。

3. 勘丈法

勘丈法指利用勘丈的距离及直线、直角的特性测算出待定点的坐标，其对高程无效。主要包括直角坐标法、距离交会法、直线内插法、定向微导线法四种方法。

（1）直角坐标法

如图 3-23 所示，A、B 两点为已知碎部点，1、2、3 点为欲求的未知碎部点，先用钢尺丈量出各垂足点到 A 点距离，则可根据 A、B 两点坐标计算出 1、2、3 点坐标，计算方法如下：

$$X_i = X_A + D_i\cos\alpha_i; Y_i = Y_A + D_i\sin\alpha_i \tag{3-9}$$

式中，$D_i = \sqrt{a_i^2 + b_i^2}$，$a_i = a_{AB} \pm \arctan\dfrac{b_i}{a_i}$。

当碎部点位于轴线（AB 方向）左侧时，取"－"；右侧时，取"＋"。

（2）距离交会法

如图 3-24 所示，A、B 两点为已知碎部点，现欲测量未知碎部点 i 的坐标，则可用钢尺丈量 i 点至 A、B 两点的距离 D_1、D_2，再计算 i 点的坐标。

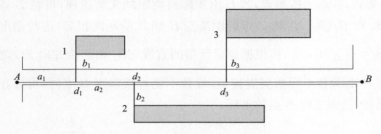

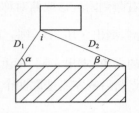

图 3-23　直角坐标法示意图　　　　　　　图3-24　距离交会法示意图

先根据余弦定理求出夹角 α、β。

$$
\left.\begin{aligned}
\alpha &= \arccos \frac{D_{AB}^2 + D_1^2 - D_2^2}{2D_{AB} \cdot D_1} \\
\beta &= \arccos \frac{D_{AB}^2 + D_2^2 - D_1^2}{2D_{AB} \cdot D_2}
\end{aligned}\right\}
\tag{3-10}
$$

再根据变形戎格公式求得 i 点的坐标：

$$
\left.\begin{aligned}
X_i &= \frac{X_A \cdot \cot\beta + X_B \cdot \cot\alpha - Y_A + Y_B}{\cot\alpha + \cot\beta} \\
Y_i &= \frac{Y_A \cdot \cot\beta + Y_B \cdot \cot\alpha - X_A - X_B}{\cot\alpha + \cot\beta}
\end{aligned}\right\}
\tag{3-11}
$$

（3）直线内插法

如图 3-25 所示，A、B 两点为已知碎部点，1、2、3…是在直线 AB 上的待求点，先用钢尺丈量出各点至 A 点的距离 D_i，则可求出各点的坐标。

$$
\left.\begin{aligned}
X_i &= X_A + D_{Ai} \cdot \cos\alpha_{AB} \\
Y_i &= Y_A + D_{Ai} \cdot \sin\alpha_{AB}
\end{aligned}\right\}
\tag{3-12}
$$

式中，$D_{Ai} = D_{A1} + D_{12} + \cdots + D_{i-1,i}$。

（4）定向微导线法

如图 3-26 所示，A、B 两点为已知碎部点，1、2、3、4 为待求点，先用钢尺丈量出相邻两点的距离 D_i，则可求出各点的坐标。

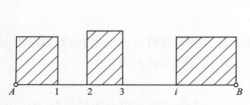

图 3-25　直线内插法示意图　　　　　图 3-26　定向微导线法

$$
\left.\begin{aligned}
X_i &= X_{i-1} + D_i \cdot \cos\alpha_i \\
Y_i &= Y_{i-1} + D_i \cdot \sin\alpha_i
\end{aligned}\right\}
\tag{3-13}
$$

其中 $\alpha_i = \alpha_{i-2,i-1} \pm 90°$。

当 i 为左折点时取"－"，右折点时取"＋"，例如图 3-26 所示 1 点位于 AB 方向的左侧，称为左折点;2 点位于 B_1 方向的右侧,称为右折点。当推求点数超过三个时,最好计算一下闭合差,闭合差计算公式如下:

$$
\left.\begin{array}{l}
f_x = X'_A - X_A \\
f_y = Y'_A - Y_A
\end{array}\right\}
\tag{3-14}
$$

4. 计算法

计算法不需要外业观测数据,仅利用图形的几何特性计算碎部点的坐标。计算法主要包括矩形计算法、垂足计算法、直线相交法、平行曲线定点法、对称点法、平移图形法六种方法。

(1)矩形计算法

如图 3-27 所示,A、B、C 三点为已知碎部点,4 点为待求碎部点,根据 A、B、C 三点的坐标可计算出 4 点的坐标,计算公式如下:

$$
\left.\begin{array}{l}
X_4 = X_A - X_B + X_C \\
Y_4 = Y_A - Y_B + Y_C
\end{array}\right\}
\tag{3-15}
$$

(2)垂足计算法

如图 3-28 所示,A、B、1、2、3、4 点均为已知碎部点,$1'$、$2'$、$3'$、$4'$ 为待求碎部点,计算公式如下:

$$
\left.\begin{array}{l}
X_{i'} = X_A + D_{Ai} \cos \gamma_i \cos \alpha_{AB} \\
Y_{i'} = Y_A + D_{Ai} \cos \gamma_i \sin \alpha_{AB}
\end{array}\right\}
\tag{3-16}
$$

式中,$\gamma_i = \alpha_{AB} - \alpha_{Ai}$,平距 D_{Ai} 和坐标方位角 α_{Ai} 由 i、A 点坐标反算得到。

使用此法确定规则建筑群内楼道口点、道路折点十分有利。

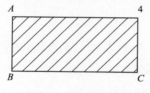

图 3-27 矩形计算法

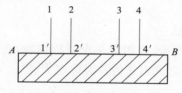

图 3-28 垂足计算法

(3)直线相交法

如图 3-29 所示,A、B、C、D 为已知碎部点,且直线 AB 与 CD 相交于 i 点,则交点 i 的坐标为

$$
\left.\begin{array}{l}
X_i = \dfrac{X_A \cdot \cot\beta + X_D \cdot \cot\alpha - Y_A + Y_D}{\cot\alpha + \cot\beta} \\[2mm]
Y_i = \dfrac{Y_A \cdot \cot\beta + Y_D \cdot \cot\alpha + X_A - X_D}{\cot\alpha + \cot\beta}
\end{array}\right\}
\tag{3-17}
$$

式中,$\alpha = |\alpha_{AD} - \alpha_{AB}|$,$b = |\alpha_{CD} - \alpha_{AD}|$。

(4)平行曲线定点法

如图 3-30 所示,1、2、3、4、5 为某线路上的已知碎部点,其中 1、2 为直线部分,2、3、4、5 为曲线部分,求与该线间距为 R 的另一线路上的未知碎部点 $1'$、$2'$、$3'$、$4'$、$5'$ 的坐标。

①对于直线部分,其坐标公式为

$$
\left.\begin{array}{l}
x_{2'} = x_2 + R \cdot \cos\alpha_2 \\
y_{2'} = y_2 + R \cdot \sin\alpha_2
\end{array}\right\}
\tag{3-18}
$$

式中，$\alpha_2 = \alpha_{12} \pm 90°$。

当所求点位于已知边的左侧时取"$-$"；当所求点位于已知边的右侧时取"$+$"。

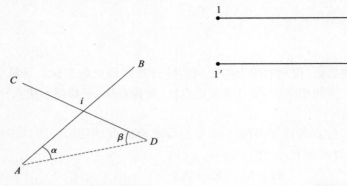

图 3-29　直线相交法　　　　　　　　图 3-30　平行曲线定点法

②对于曲线部分，其坐标公式为

$$
\left.
\begin{aligned}
x_{i'} &= x_i + R \cdot \cos(\alpha_i + c) \\
y_{i'} &= y_i + R \cdot \sin(\alpha_i + c)
\end{aligned}
\right\} \tag{3-19}
$$

式中，$\alpha_i = \dfrac{1}{2}(\alpha_{i,i+1} + \alpha_{i,i-1})$。

当所求曲线点位于已知边的左侧，且 $\alpha_{i,i+1} > \alpha_{i,i-1}$ 时，或当所求点位于右侧，且 $\alpha_{i,i+1} < \alpha_{i,i-1}$ 时，$c = 0$。

当所求曲线点位于已知边的右侧，且 $\alpha_{i,i+1} > \alpha_{i,i-1}$ 时，或当所求点位于左侧，且 $\alpha_{i,i+1} < \alpha_{i,i-1}$ 时，$c = 180°$。

（5）对称点法

如图 3-31 所示，改图为某个对称地物，在测定出 A、1、2、3、4、5 点后，再测定地物上与 A 对称的 B 点，即可求出其他各对称点 $1'$、$2'$、$3'$、$4'$、$5'$ 的坐标。

$$
\left.
\begin{aligned}
X_{i'} &= X_B + D_i \cdot \cos\alpha_i \\
Y_{i'} &= Y_B + D_i \cdot \sin\alpha_i
\end{aligned}
\right\} \tag{3-20}
$$

式中，$D_i = \sqrt{\Delta X_{Ai}^2 + \Delta Y_{Ai}^2}$；$\alpha_i = 2\alpha_{AB} - \alpha_{Ai} + 180°$。

许多人工地物的平面图形是轴对称图形，运用该法可大量减少实测点。

（6）平移图形法

如图 3-32 所示，地物 A 与地物 B 全等且方位一致。若地物 A 中 1、2、3、4 四点和地物 B 中的一个点（如 $1'$ 点）的坐标均为已知，则可计算出另外三个点 $2'$、$3'$、$4'$ 的坐标，计算公式如下：

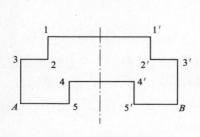

图 3-31　对称点法

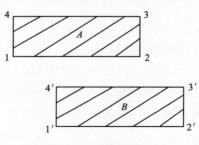

图 3-32　平移图形法

$$\left. \begin{array}{l} X_{i'} = X_{1'} - X_1 + X_i \\ Y_{i'} = Y_{1'} - Y_1 + Y_i \end{array} \right\} \tag{3-21}$$

该方法用于确定规则建筑群位置时非常有利。

任务 3.4　草图法内业成图

3.4.1　任务目标

草图法即在外业过程中只画草图就可以了，不用为每一点都赋予编码，也不用加注点的连接信息，使外业的工作量减到最少。草图法内业成图的任务是当系统把所测的点展到计算机屏幕上之后，对照草图在屏幕上直接进行编辑成图。

草图法的外业工作量最少，数据采集过程最简单，并且最不容易出错，但内业编辑工作量比较大，在一般的作业单位中应用较广，其工作流程如下：

设站→瞄准观测→将数据输入计算机→格式转换→内业成图→编辑修改→图幅整饰→图形输出。

通过学习本任务，能利用草图法进行内业成图等工作。

3.4.2　相关配套知识

1. CASS10.1 的安装

CASS10.1 适用于 AutoCAD2010—2016 版本，具体各版本 AutoCAD 的安装，请参考其官方说明书。由于 AutoCAD2013 之前的版本不支持点云，推荐安装 AutoCAD2013 或者更高版本，以更好地使用 CASS10.1 的各个功能。

(1)CASS10.1 的安装应该在安装完 AutoCAD2010 并运行一次后才进行。右键 CASS10.1 安装程序.exe，选择"以管理员身份运行"（图 3-33），启动 CASS10.1 安装向导（图 3-34）。

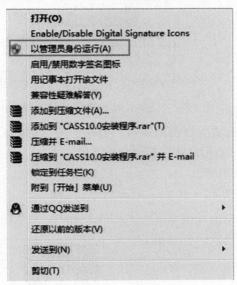

图 3-33　以管理员身份运行安装程序　　　　　　图 3-34　启动安装向导

(2)选择"同意"许可协议，点击"下一步"按钮（图 3-35），安装向导会自动检测本机电脑上已安装的 AutoCAD 版本，用户只需选择需要运行的 AutoCAD 平台，并选择 CASS10.1 的安装路径(图 3-36)。

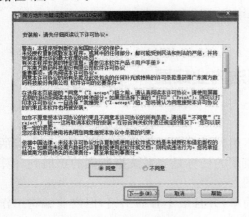

图 3-35　同意许可协议　　　　图 3-36　选择 AutoCAD 平台,设置 CASS10.0 安装路径

(3)点击"下一步"后,软件会自动安装在指定的 CAD 平台上面,安装完成后出现如图 3-37 所示的界面。

(4)安装加密狗,右键点击"sense_shield_installer_pub_2.1.0.15800.exe",选择"以管理员身份运行",打开加密狗安装向导,如图 3-38 所示。

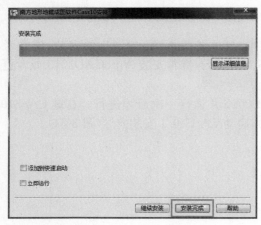

图 3-37　CASS10.1 软件安装界面　　　　图 3-38　CASS10.1 加密狗"驱动安装"向导

若用户使用的是硬件加密狗,直接在本机电脑插上加密狗即可。若用户使用的是云锁加密,则需点击图 3-39 的红框内的标识,输入云账户的用户名和密码登录云锁。

图 3-39　打开深思用户许可工具　　　　　　　　南方 CASS 操作面板

2. 软件介绍

CASS10.1 的操作界面主要分为顶部菜单面板、右侧屏幕菜单和工具条、属性面板,如图 3-40所示。每个菜单项均以对话框或命令行提示的方式与用户交互应答,操作灵活方便。本节将对各项菜单的功能、操作过程及相关命令进行简单介绍。

(1)文件

文件菜单主要用于控制文件的输入、输出,对整个系统的运行环境进行修改设定,本书仅介绍部分常用功能。

①图形存盘

功能:将当前图形保存下来。

操作:左键点取本菜单,若当前图形已有文件名,则系统直接将其以原名保存下来。若当前图形是一幅新图,尚无文件名,则系统会弹出一对话框。此时在文件名栏中输入文件名后,按保存键即可。在保存类型栏中有"dwg""dxf""dwt"等文件类型,可根据需要选择。

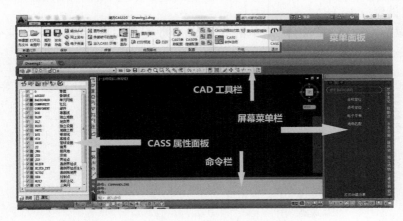

图 3-40　CASS10.1 界面

【注意】:为避免非法操作或突然断电造成数据丢失,除工作中经常手工存盘外,可设置系统自动存盘。设置过程为:点击[文件]→[AUTOCAD 系统配置],在"打开和保存"选项卡中设置自动保存时间间隔。

②输出

功能:以其他文件格式保存图形中的对象。

③切换背景色

功能:切换当前图形绘图区域的颜色,当前为黑色,将切换为白色。

操作:左键点取本菜单即可一键切换。

④绘图输出

a. 图形变白

功能:为方便黑白打印图纸,将当前图形的图层全部变为白色,打印出来即为黑色。

b. 转换为国标 CMYK 分色图

功能:根据 CASS10.1 的配置文件,将当前图形上的图元颜色修改成地形图图式规定的 CMYK 值对应的 RGB 值。

c. 查看 CMYK 分色值

功能:查看所选实体的 CMYK 色值。

d. 页面设置

功能：控制每个新建布局的页面布局、打印设备、图纸尺寸和其他设置。

e. 打印机管理器

功能：显示绘图仪管理器，从中可以添加或编辑绘图仪配置。

f. 打印样式管理器

功能：显示打印样式管理器，从中可以修改打印样式表。

g. 打印预览

功能：将要打印图形时显示此图形。

h. 打印

功能：将图形打印到绘图仪、打印机或文件。

⑤CASS 参数配置

CASS10.1 参数配置对话框设置 CASS10.1 的各种参数，用户通过设置该菜单选项，可自定义多种常用设置。

操作：用鼠标左键点击"文件"菜单的"CASS 参数配置"项，系统会弹出一个对话框，如图 3-41 所示。

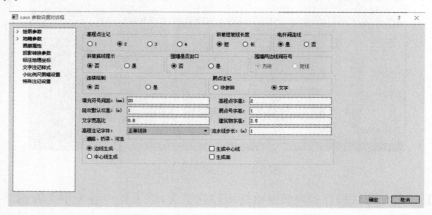

图 3-41　CASS 参数设置对话框

a. 地物绘制（图 3-42）

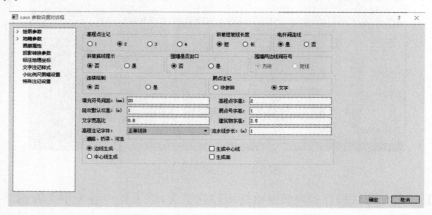

图 3-42　地物绘制参数设置对话框

高程注记位数:设置展绘高程点时高程注记小数点后的位数。

自然斜坡短坡线长度:设置自然斜坡的短线是按新图式的固定长度 1 mm 还是旧图式的长线的一半长度。

电杆间是否连线:设置是否绘制电力电信线电杆之间的连线。

斜坡底线提示:设置是否提示绘制斜坡底线。

围墙是否封口:设置是否依比例将围墙的端点封闭。

围墙两边线间符号:设置依比例围墙两边线间的符号样式。

连续绘制:设置是否默认为连续绘制地物。

展点注记:设置展点注记的类型。

填充符号间距:设置植被或土质填充时的符号间距,缺省为 20 mm。

高程点字高:设置高程点注记字体高度。

陡坎默认坎高:设置绘制陡坎后提示输入坎高时默认的坎高。

展点号字高:设置野外测点点号的字高。

文字宽高比:设置一般文字注记宽高比。

建筑物字高:设置房屋结构和层数注记文字字高。

高程注记字体:设置高程注记默认字体。

流水线步长:设置流水线的步长,默认值为 1 mm。

道路、桥梁、河流:设置道路、桥梁、河流时的绘制方式,包括边线生成、中心线生成,是否同时生成中心线和地物面。

b. 电子平板(图 3-43)

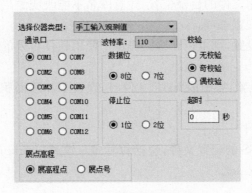

图 3-43　电子平板选项

提供"手工输入观测值"和七种全站仪供用户在使用电子平板作业时选用。

展点类型:设置电子平板操作时,选择展绘高程值或点号。

c. 高级设置(图 3-44)

生成交换文件:按骨架线或按图形元素生成。

读入交换文件:按骨架线或按图形元素读入。

土方量小数位数:土方计算时,计算结果的小数位数设定。

方格网高程小数位数:生成方格网时,显示的高程小数位数。

横断面线高程注记位数:设置横断面线的高程注记位数。

横断面线距离注记位数:设置横断面线的距离注记位数。

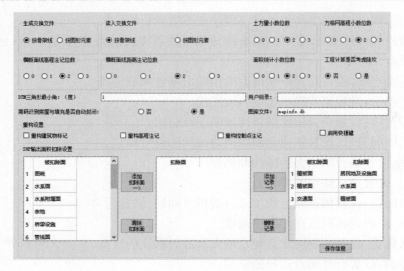

图 3-44　高级设置选项

工程计算是否考虑陡坎:设置工程计算时,是否考虑陡坎。

DTM 三角形限制最小角:设置建三角网时三角形内角可允许的最小角度。系统默认为 10°,若在建三角网过程中发现有较远的点无法联上时,可将此角度改小。

简码识别房屋与填充是否自动封闭:设置简码法成图时,房屋是否封闭。

用户目录:设置用户打开或保存数据文件的默认目录。

图库文件:设置两个库文件的目录位置,注意库名不能改变。

重构设置:定义重构设置选项。

启用快捷键:勾选该设置,则可以在绘图操作中使用软件自带的快捷命令,包括按数字 3、4 执行增、删节点的操作。

SHP 输出面积扣除设置:导出成 SHP 文件时,设置要扣除面积的地物,可减少后期的拓扑错误。

⑥CASS 系统配置文件

以表格形式显示 CASS 的配置文件,包括符号定义文件 work. def、实体定义文件 index. ini、简编码定义文件 Jcode. def。

⑦AutoCAD 系统配置

AutoCAD2014 系统配置对话框设置 CASS10. 1 的平台 AutoCAD2014 的各种参数,用户通过设置该菜单选项,可自定义多种常用参数。

操作:用鼠标左键点击"文件"菜单的"AutoCAD 系统配置"项,系统会弹出一个对话框,如图 3-45 所示。

用户可以在此对 CAD2014 的工作环境进行设置。不同版本的 CAD 可参阅 AutoCAD 的官方操作手册。

(2)工具

工具菜单,顾名思义,本项菜单在编辑图形时提供绘图工具。本书只介绍部分常用工具。

①操作回退

功能:取消任何一条执行过的命令,即可无限回退。可以用它清除上一个操作的后果。

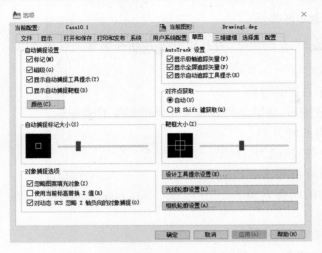

图 3-45　AutoCAD 系统配置对话框　　　　　　　　南方 CASS 文件菜单

操作：左键点取本菜单即可。

相关命令：键入 U 后回车，与点取菜单效果相同。U 命令可重复使用，直到全部操作被逐级取消。还可控制需要回退的命令数，键入 UNDO 回车，再键入回退命令数，回车即可（如输入 50 回车，则自动取消最近的 50 个命令）。

②物体捕捉模式

当绘制图形或编辑对象时，需要在屏幕上指定一些点。定点最快的方法是直接在屏幕上拾取，但这样却不能精确指定点。精确指定点最直接的办法是输入点的坐标值，但这样又不够简捷快速；而应用捕捉方式，便可以快速而精确地定点。AutoCAD 提供了多种定点工具，如栅格（GRID）、正交（ORTHO）、物体捕捉（OSNAP）及自动追踪（Auto-Track）。在物体捕捉模式中又有圆心点、端点、插入点等，子菜单如图 3-46 所示。

图 3-46　物体捕捉
模式子菜单

③前方交会

功能：用两个夹角交会一点，如图 3-47 所示。

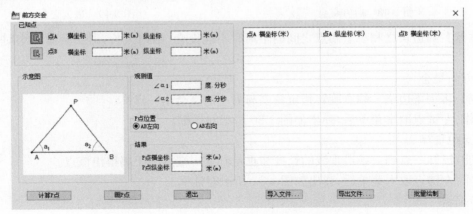

图 3-47　前方交会

操作:左键点取本菜单后,看命令区提示。

提示:已知点:输入两个已知点 A、B 的坐标,可利用 [⬚] 按钮在屏幕上点击选取。

观测值:输入两个观测角度(单位:° ′ ″)。

P 点位置:选择交会点 P 位于 AB 的方向。

计算 P 点:用鼠标左键点击该按钮,在结果栏会显示计算得到的 P 点坐标。

画 P 点:在屏幕上绘制计算得到的 P 点。

导入文件:导入交会的坐标文件,格式为 .DAT。

导出文件:将列表中的点坐标导出到 .DAT 文件中。

批量绘制:可批量绘制列表中的所有 P 点。

④后方交会

功能:已知两点和两个夹角,求第三个点坐标。

操作:左键点取本菜单后,弹出如图 3-48 所示。

⑤边长交会

功能:用两条边长交会出一点。

操作:左键点取本菜单后,弹出如图 3-49 所示。

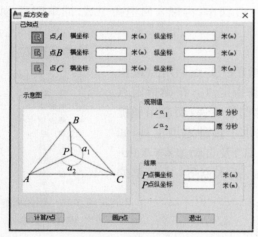

图 3-48 后方交会

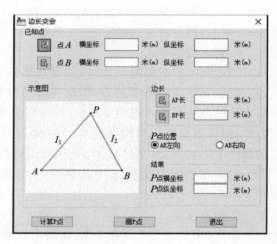

图 3-49 边长交会

【注意】:两边长之和小于两点之间的距离时不能交会;两边太长,即交会角太小时也不能交会。

⑥方向交会

功能:将一条边绕一端点旋转指定角度与另一边交会出一点。

操作:左键点取本菜单后,弹出如图 3-50 所示对话框。

⑦支距量算

功能:已知一点到一条边垂线的长度和垂足到其一端点的距离得出该点。

操作:左键点取本菜单后,弹出如图 3-51 所示对话框。

(3)编辑

CASS10.1 编辑菜单主要通过调用 AutoCAD 命令,利用其强大丰富、灵活方便的编辑功能来编辑图形。

①编辑文本文件

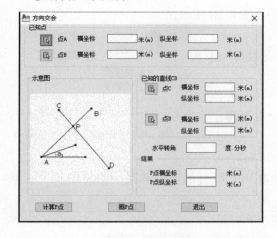

图 3-50　方向交会

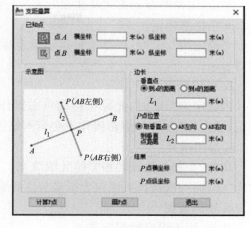

图 3-51　支距量算

功能：直接调用 WINDOWS 的记事本来编辑文本文件，如编辑权属引导文件或坐标数据文件。

操作：左键点取本菜单后，选择需要编辑的文件即可。

②对象特性管理

功能：管理图形实体在 AutoCAD 中的所有属性。

操作：左键点取本菜单后，就会弹出对象特性管理器。

③图元编辑

功能：对直线、复合线、弧、圆、文字、点等各种实体进行编辑，修改其颜色、线形、图层、厚度等属性（执行 DDMODIFY 命令）。

操作：左键点取本菜单后，见命令区提示。

④图层控制

功能：控制层的创建和显示，如图 3-52 所示。

说明：图层是 AutoCAD 中用户组织图形的最有效工具之一。用户可以利用图层来组织其图形或利用图层的特性如不同的颜色、线形和线宽来区分不同的对象。

图 3-52　图层控制子菜单

左键点取"图层设定"菜单项后，会弹出图层特性管理器对话框。对话框中包含了图层的名称、颜色、线形、线宽等特性，可以对图层进行创建、删除、锁定/解锁、冻结/解冻，还可设置打印样式。利用此对话框，用户完全可以方便、快捷地设置图层的特性及控制图层的状态。

a. 打开/关闭：用于控制图层的可见性。当关掉某一层后，该层上所有对象就不会在屏幕上显示，也不会被输出；但它仍存在于图形中，只是不可见。在刷新图形时，仍会计算。

b. 冻结/解冻：用户可以冻结一个图层而不用关闭它，被冻结的图层也不可见。冻结与关闭的区别在于在系统刷新时，简单关闭掉的图层在系统刷新时仍会刷新，而冻结后的图层在屏幕刷新期间将不被考虑，但以后解冻时，屏幕会自动刷新。

c. 锁定/解锁：已锁定的图层上的对象仍然可见，但不能用修改命令来编辑。当已锁定的图层被设置为当前层后，仍可在该图层上绘制对象、改变线形和颜色、冻结以及使用对象捕捉模式。

⑤图形设定

功能：对屏幕显示方式及捕捉方式进行设定，如图 3-53 所示。

a. 坐标系标记

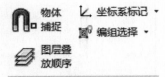

图 3-53　图形设定命令子菜单

当设定为"on"时，屏幕上显示坐标系标记；设定为"off"时，取消显示。

b. 点位标记

当设定为"on"时，光标进行的点击操作都会在屏幕上十字标记；设定为"off"时，点击操作不会留下痕迹。

c. 编组选择

功能：控制组选择和相关的区域填充。当设为"off"时可以单独选择编组里的单个实体，设为"on"时一次选择可能包含很多实体的编组。

d. 物体捕捉

功能：用于设定捕捉方式。

操作：左键点取本菜单后，会弹出一对话框，如图 3-54 所示。

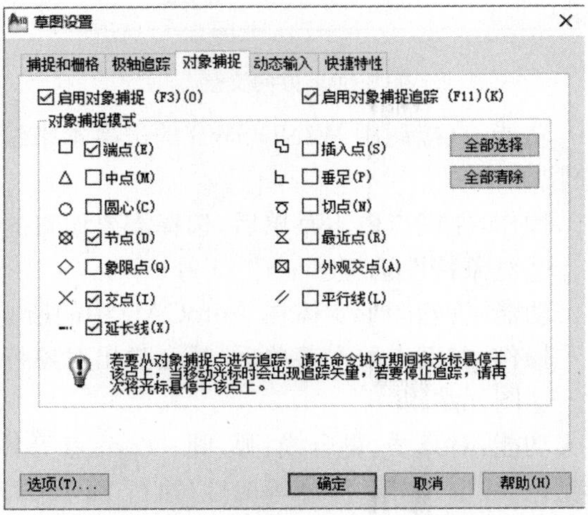

对话框中英文的含义分别为 Endpoint（终点）、Midpoint（中点）、Center（中心点）、Node（节点）、Quadrant（四分圆点）、Intersection（交点）、Insertion（插入点）、Perpendicular（垂直点）、Tangent（切点）、Nearest（最近点）、Apparent Int（外观交点）、Extension（延伸点）、Parallel（平行点）。

图 3-54　设定物体捕捉对话框

e. 图层叠放顺序

功能：当实体由不同图层叠加在一起时，只能看见最上面的图层，可通过该功能改变图层的叠放顺序。

操作：点取本命令菜单后看系统提示。

⑥编组选择

功能：编组开关关闭后可以单独编辑骨架线或填充边界。

当设定为"on"时，表示编组开关打开；设定为"off"时，表示编组开关关闭。

⑦删除

功能：提供多种方式指定删除对象。菜单如图 3-55 所示。

⑧炸开实体

功能：将图形、多义线等复杂实体分离成简单线形实体。

操作：选取本命令后再选择要炸开的实体即可。

（4）显示

在 CASS10.1 中观察一个图形可以有许多方法。掌握好这些方法，将提高绘图的效率。特别与以前版本不同的是 CASS10.1 利用 Auto-CAD2014 的新功能，为用户提供了对对象的三维动态显示，使视觉效果更加丰富多彩。

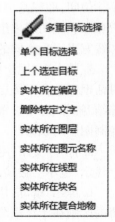

图 3-55　删除命令子菜单

①重画屏幕

功能：用于清除屏幕上的定点痕迹。

操作：左键点取本菜单即可。

②显示缩放

功能：通过局部放大，使绘图更加准确和详细。

菜单选项解释如下。

窗口：执行此命令后，用光标在图上拉一个窗口，则窗内对象会被尽可能放大以填满整个显示窗口。

前图：执行此命令后，显示上一次显示的视图。

动态：执行此命令后，可以见到整个图形，然后通过简单的鼠标操作就可确定新视图的位置和大小。当新视图框中央出现"X"符号时，表示新视图框处于平移状态。按一下鼠标左键后，"X"符号消失，同时在新视图框的右侧边出现一个方向箭头，表示新视图框处于缩放状态。只需按鼠标左键就可在平移状态与缩放状态之间切换，按右键表示确认显示。

全图：使用这个命令可以看到整个图形。如果图形延伸到图限之外，则将显示图形中的所有实体。实际作业时，有时使用此命令后，看似屏幕上什么都没有，这是因为图形实体间相距过远，使得整个图形缩小以显示全图。

尽量大：使用此命令也可在屏幕上见到整个图形。与全图选项不同的是，它用到的是图形范围而不是图形界限。

③平移

功能：使用此命令观看在当前视图中的图形的不同部分，而无需缩放。

操作：点击本菜单后，屏幕上会出现一个"手形"符号，按住左键拖动即可。

④三维静态显示

功能：提供多种静态显示三维图形的方法，如图 3-56 所示。

⑤三维动态显示

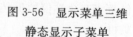

图 3-56 显示菜单三维
静态显示子菜单

功能：AutoCAD2014 新增功能。新提供的一组命令，使用户可以实时地、交互地、动态地操作三维视图。

操作：左键点取本菜单后，CASS10.1 将进入到交互式的视图状态中。

当进入到交互式视图状态中后，用户可以通过鼠标操作来动态地操纵三维对象的视图。当以某种方式移动光标时，视图中的模型将随之动态地发生变化。用户可以直观、方便地操纵视图中的对象，直到得到满意的视图为止。

⑥工具栏

功能：控制 CASS 的快捷工具条的显示，功能同命令 toolbar。

⑦地物绘制菜单

功能：在右侧屏幕菜单关闭的情况下，调入屏幕菜单。

⑧打开属性面板

功能：在左侧属性面板关闭的情况下，将其打开。

⑨最后绘制实体居中

功能：将最近绘制的图形实体居中显示，便于查找和图形编辑。

⑩图层显示顺序调整

功能：调整图层的显示顺序，靠前的图层优先显示。

操作：左键点击该命令，弹出如图 3-57 所示对话框，根据提示操作。

⑪多窗口操作功能

功能：层叠排列、水平排列、垂直排列、图标排列等都是为用户在进行多窗口操作时，所提供的窗口排列方式。

"显示"下拉菜单的最下面列出的是当前已经打开的图形文件名。

3. 数据传输

每日外业采集的地形、地貌信息都存储在了全站仪中，只有把这些信息传输到计算机内才能进行内业成图的编辑工作。

图 3-57　图层显示调整对话框

数据通信的作用是完成电子手簿或带内存的全站仪与计算机两者之间的数据相互传输。现以南方测绘开发的电子手簿的载体有 PC-E500、HP2110、MG（测图精灵）为例，进行说明。

因数据接收端的软件不同，全站仪数据传输的方式有多种。目前，主要有通过仪器配套软件、超级终端、成图软件和读取存储卡 4 种方式进行全站仪数据传输。

通过仪器配套软件进行数据传输比较直观、简便，但是这种传输方式受仪器品牌和型号的限制。如苏一光数据传输软件 COM600 只支持苏一光全站仪 600 系列。

超级终端数据传输方式的操作步骤：开始→程序→通信→超级终端。首次使用时先新建一个连接，注意选择端口，连接好电缆（即通常所说的传输线），然后，对应设置仪器传输的参数进行传输，并拷贝数据到记事本中，最后把数据存为文本格式。

通过成图软件传输数据的使用也较为普遍，大多数成图或 GIS 软件都带有全站仪数据传输模块，如南方 CASS、广州开思、武汉瑞得等软件。

通过计算机读取存储卡传输数据主要针对应用存储卡的全站仪，如徕卡全站仪的部分系列。

（1）与 PC-E500 电子手簿通信

数据可以由 PC-E500 向计算机传输，将数据存于计算机硬盘中，供计算机后处理；也可以将计算机中的数据由计算机向 PC-E500 传输（如将在计算机平差好的已知点数据传给 PC-E500）。

进行数据通信操作之前，首先将电子手簿（PC-E500）与计算机的串口之间用 E5-232C 电缆联上，然后打开计算机进入 WINDOWS 系统，双击 CASS10.1 的图标或单击 CASS10.1 的图标再敲回车键，即可进入 CASS 系统，此时屏幕上将出现系统的操作界面。

①移动鼠标至"数据处理"处按左键，便出现如图 3-58 所示的下拉菜单。

图 3-58　数据处理的下拉菜单

要注意的是，使用热键【ALT】+【D】也是可以执行这一功能的，即在按下【ALT】键的时候按下【D 键】。

②移动鼠标至"数据通信"项的"读取全站仪数据"项,该处以高亮度(深蓝)显示,按左键,这时便出现如图 3-59 所示的对话框。

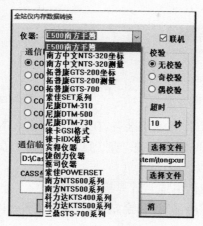

图 3-59　全站仪内存数据转换

③在"仪器"下拉列表中找到"E500 南方手簿",点击鼠标左键,然后检查通信参数是否设置正确。

接着在对话框最下面的"CASS 坐标文件"下的空栏里输入想要保存的文件名,要留意文件的路径,为了避免找不到文件,可以输入完整的路径。最简单的方法是点击"选择文件",出现如图 3-60 所示的对话框,在"文件名(N)"后输入想要保存的文件名,点击"保存"。这时,系统已经自动将文件名填在了"CASS 坐标文件"下的空白处,这样即省去了手工输入路径的步骤。

图 3-60　执行"选择文件"操作的对话框

输完文件名后移动鼠标至"转换"处,按左键(或者直接按回车键)便出现如图 3-61 所示的提示。

如果所输入的文件名已经存在,则屏幕会弹出警告信息。若不想覆盖原文件时,移动鼠标至"否(N)"处,按左键即返回,出现如图 3-61 所示的对话框,重新输入文件名。若想覆盖原文件时,移动鼠标至"是(Y)"处,按左键即可。

④如果仪器选择错误会导致传到计算机中的数据文件格式不正确,这时会出现图 3-62 所示的对话框。

图 3-61　计算机等待 E500 信号　　　　　　　图 3-62　数据格式错误的对话框

⑤操作 PC-E500 电子手簿,作好通信准备,在 E500 上输入本次传送数据的起始点号后,先在计算机按回车键再在 PC-E500 按回车键。命令区便逐行显示点位坐标信息,直至通信结束。

(2)与带内存全站仪通信

①将全站仪通过适当的通信电缆与计算机连接好。

②移动鼠标至"数据通信"项的"读取全站仪数据"项,该处以高亮度(深蓝)显示,按左键,出现如图 3-63 所示的对话框。

③根据不同的仪器型号设置好通信参数,再设置好要保存的数据文件名,点击"转换"。后续步骤与 PC-E500 电子手簿通信相同。

如果想将以前传来的数据(比如超级终端传来的数据文件)进行数据转换,可先选好仪器类型,再将仪器型号后面的"联机"选项取消,这时会发现,通信参数全部变灰,不能再进行选择,接下来,在"全站仪内存文件"选项下面的空白区域填上已有的数据文件,再在"CASS 坐标文件"选项下面的空白区域填上转换后的 CASS 坐标数据文件的路径和文件名,点击"转换"即可。

若出现"数据文件格式不对"提示时,有可能是以下的情形之一:a. 数据通信的通路问题、电缆型号不对或计算机通信端口不通;b. 全站仪和软件两边通信参数设置不一致;c. 全站仪传输的数据文件中没有包含坐标数据。

(3)与测图精灵通信

①在测图精灵中将图形保存,然后传到计算机上,存到计算机上的文件扩展名是 SPD。此文件是二进制格式,不能用写字板打开。

②移动鼠标至"数据通信"项的"测图精灵格式转换"项,在下级子菜单中选取"读入",该处以高亮度(深蓝)显示,按左键,如图 3-64 所示。

图 3-63　全站仪内存数据转换的对话框　　　　图 3-64　测图精灵格式转换的菜单

③注意 CASS10.1 的命令行提示输入图形比例尺,输入比例尺后出现"输入 SPDA20 图

形数据文件名"的对话框,如图 3-65 所示。

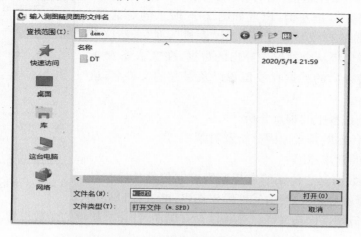

图 3-65 输入测图精灵图形文件对话框

④找到从测图精灵中传来的图形数据文件,点击"打开"按钮,系统会读取图形文件内容,并根据图形内的地物代码在 CASS10. 1 中自动重构并将图形绘制出来;这时得到的图形与测图精灵中看到的完全一致。

(4)与 SD 存储卡或 U 盘通信

以索佳 SET250X 仪器为例进行介绍。表 3-6 为仪器数据导出步骤。

表 3-6 仪器数据导出步骤

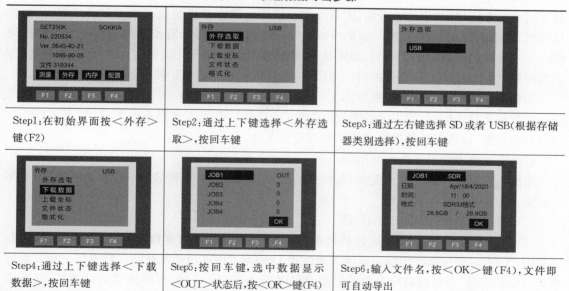

不同品牌的仪器设备,直接用存储卡或 U 盘导出的数据格式各不相同,例如索佳 SET 型号的仪器导出数据格式为. SDR,徕卡仪器导出的数据格式为. GSI,拓普康 GTS-700 导出数据格式为. PNT 等,所以导出数据需要转换为. DAT 格式才能在南方 CASS 软件中使用,我们可以用 EXCEL 等办公软件进行转换,也可以用南方 CASS 软件中的"读取全站仪数据"功能进行转换,本节介绍利用南方 CASS 软件对. SDR 数据进行数据格式转换的步骤。

①移动鼠标至"数据通信"项的"读取全站仪数据"项,该处以高亮(深蓝)显示,按左键,出现如图 3-66 所示的对话框;②根据不同的仪器选择仪器型号,不勾选"联机",在"全站仪内存文件"选项选择已经从全站仪中导出的数据,在"CASS 坐标文件"选项选择转换后的数据存放位置以及保存的文件名,最后点击"完成"即可。

图 3-66　全站仪内存数据转换

(5)数据传输过程中的难点分析

①数据无法传输的常规原因分析及对策

a. 无法传输的常规原因

造成全站仪数据无法传输的常规原因有ⓐ仪器传输参数设置有误;ⓑ仪器端口硬件损伤;ⓒ电缆损伤(折断或接口处损伤);ⓓ计算机端口硬件损伤或端口参数设置有误;ⓔ计算机软件的参数设置有误。

b. 处理对策

当数据无法传输时,一般可先通过以下步骤进行处理:ⓐ简单查看电缆及端口是否损坏,如端口针是否弯曲或折断;ⓑ应用端口调试软件(可以从互联网上搜索并下载)或打开"控制面板"里的"设备管理器"选项卡,看端口工作是否正常;ⓒ查看仪器通信参数设置是否与计算机接收端参数一致。

如果通过以上措施还未成功传输,则可以采用交换尝试的方法判断无法传输的原因。具体步骤:ⓐ更换全站仪,用其他可以正常传输数据的全站仪替换本次传输操作中使用的全站仪进行数据传输操作;如果成功,则可以判断原全站仪端口或其他方面存在问题;ⓑ更换电缆,判断方法如ⓐ中所述;如果传输成功,则可以判断是原电缆存在折断或其他方面的问题;ⓒ更换计算机,判断方法如ⓐ中所述。如果传输成功,则可以判断是计算机端口或其他方面存在问题。无法传输的问题得到明确后,如果是参数设置的问题,则做相应更改后即可。若是硬件方面的问题,如果是电缆、计算机端口的原因,应找相关专业人员维护或更换。

②数据无法传输的其他可能原因

当数据无法传输时,除以上的常规原因外,还可能是电缆与仪器不匹配、USB 转 COM 口(串口)的问题、仪器传输数据格式不正确等原因所致。

a. 电缆与仪器类型不匹配的问题

电缆与仪器类型通常是匹配的,每种类型的仪器对应一种数据线,购买时一定要注意类型的匹配。

b. USB 转 COM 口(串口)的问题

目前市场上大多数笔记本式计算机都已不配 COM 口,但大多数全站仪(非带储存卡型)必须用 COM 口进行数据传输。这就需要配置 USB 转 COM 口的传输线。购置时一定要索要相应的驱动光盘(也可以自行下载通用驱动程序)。USB 转 COM 口线连接到计算机,安装完驱动后,打开"控制面板"中"设备管理器"选项卡,查看"端口"项,记下所连接的 USB 口转成的 COM 口是多少(一般为 4)。为了应用方便,可以选中该项,单击右键,点击"属性"项更改端口的名称为"1"。针对 CASS5.0 软件或较早版本,由于其上传数据的端口只能是 1 或 2,USB 转的 COM 端口的名称改成 1 或 2 后,可以方便地应用 CASS 软件向全站仪上传数据。重要的一点是,一定要记下 USB 转 COM 口的线插的是哪个 USB 口,这是因为驱动与 USB 口是一一对应的。装过驱动后,不影响 USB 口的正常使用功能。

c. 仪器传输数据格式不正确的问题

应用 CASS 软件进行数据传输时,连接好电缆并执行传输命令后,有时会出现"数据格式不对"的提示。其实大多数情况下并非"数据格式不对"的问题,而是电脑和仪器未连通(原因如前文述),出现这样提示的原因是执行传输命令后,等待的时间超过软件设置的等待时间,因而出现警告信息,解决方案如前文所述。

(6)应用 Excel 对数据格式进行编辑转换

不同的仪器、不同的文件存储格式,在输出的数据文件里,字符间的分隔符可能不同。编辑转换的方法有多种,为了说明方便,这里采用常规的转换方式,以 CASS 常用坐标数据格式转换成南方 RTK 手簿坐标数据格式为例进行说明。

①数据格式

a. CASS 坐标数据格式:"点名,(代码),Y,X,H"。数据示例为

1,10575.890,19321.370,359.550

2,10568.720,19294.710,357.860

3,10574.620,19316.100,358.890

⋮

b. 南方 RTK 手簿坐标数据格式:"点名,X,Y,H,点属性"。数据示例为

1,4007579.2965,493783.8258,157.44,0000000

2,4007459.2076,492752.3790,156.68,0000000

3,4007530.3097,492728.5681,152.87,0000000

⋮

②转换步骤

a. 打开数据文件。运行 Excel,依次执行如下操作:"文件"→"打开"→在"文件类型"栏选择"所有文件"→选择已传输的.DAT 格式的文件→根据提示选择"作为分割符"→"完成"。

b. 整列删除。选中整列,右键单击选择"删除列"。

c. 剪切及插入列(交换列)。选择整列,右键单击选择"剪切",然后选择要插入其前面的那一整列,右键单击,选择"插入已剪切的单元格"。

d. 数据加常数。例如"高程"项,点选 E1 项(空白),在公式输入栏里输入"=D1+?"(其中? 为常数),然后将鼠标移至 E1 栏右下角,待鼠标变成"+"后,按住鼠标左键拖拽至尾部。再选中该列数据(点中 E1 中拖选)右键单击"复制"→选中 D1 项,单击右键,选择"选择性粘贴"→选"数值"→确定。这样即可替换掉该项原来的数值。

e. 特殊前缀的去除。有的数据文件里有前缀,如 YZ001,3845.001,5842.002,87.05。这时,选该列,应用"编辑"→"替换",在"查找和替换"对话框的"查找内容"栏里输入"YZ",在"替换为"栏里选择空白(默认),然后点"全部替换"即可。

f. 保存数据。应用 Excel 完成修改后,执行"另存为"命令,在弹出的对话框中的"保存类型"项选"文本文件",然后输入文件名,保存即可。当关闭 Excel 文件时,会出现提示框,这时选择取消或点击"否"。再打开保存的文本文件,应用替换功能(适用于 WINDOWS2000 或 XP,WIN98 中应用写字板),选中字段间的空格→右键单击选择"复制"。应用前文所述的"替换"操作步骤,在"查找内容"栏中粘贴复制的空格,在"替换为"栏中输入","(注意输入法为西文格式),然后点"全部替换"即可。完成替换后,执行"另存为"命令,在文件名栏中直接输入文件名加".DAT"(如"123.DAT")即可保存成".DAT"格式(CASS 软件常规格式)。如果应用文件名加".DAT"的方式不能保存成".DAT"格式,可以从 CASS 软件根目录下 DEMO 文件

中复制".DAT"格式的文件,打开后粘贴已转换格式的数据,然后另存。通过以上操作,可以把全站仪中的坐标数据格式转换成南方 RTK 手簿格式。这样可以把数据传输到手簿中,方便地用于点放样或校正等测量工作。

　　用 Excel 对数据文件进行格式编辑转换,在测量工作中应用非常广泛。通过对以上方法和步骤的了解,可以触类旁通地应用到其他类型的传输文件与软件所需求数据文件间的格式转换中。如果要转换的数据量较大或有长期的类似需求,可以对 Excel 进行二次开发,或直接应用高级语言编程解决此类问题。

　　4. 地形图绘制

　　"草图法"工作方式要求外业工作时,除了测量员和跑尺员外,还要安排一名绘草图的人员,在跑尺员跑尺时,绘图员要标注出所测的为何地物(属性信息)并记下所测点的点号(位置信息),在测量过程中要和测量员及时联系,使草图上标注的某点点号要和全站仪里记录的点号一致,而在测量每一个碎部点时不用在电子手簿或全站仪里输入地物编码,故又称为"无码方式"。

　　"草图法"工作方式:

　　"草图法"在内业工作时,根据作业方式的不同,可分为"点号定位"和"坐标定位"两种方法。

　　(1)"点号定位"法作业流程

　　①定显示区

　　定显示区的作用是根据输入坐标数据文件的数据大小定义屏幕显示区域的大小,以保证所有点可见。

　　首先移动鼠标至"绘图处理"项,按左键,即出现如图 3-67 所示的下拉菜单。然后选择"定显示区"项,按左键,即出现一个对话框,如图 3-68 所示。

图 3-67　数据处理下拉菜单　　　　　　　　图 3-68　选择坐标数据文件的对话框

这时,需输入碎部点坐标数据文件名。可直接通过键盘输入,如在"文件(N):"(即光标闪烁处)输入 C:\CASS10.1\DEMO\YMSJ.DAT 后再移动鼠标至"打开(O)"处,按左键;也可参考 WINDOWS 选择打开文件的操作方法操作。这时,命令区显示:

最小坐标(m)$X=87.315, Y=97.020$

最大坐标(m)$X=221.270, Y=200.00$

②选择测点点号定位成图法

南方 CASS
展碎部点

移动鼠标至屏幕右侧菜单区之"坐标定位/点号定位"项,按左键,即出现图 3-69 所示的对话框。输入点号坐标点数据文件名 C:\CASS10.1\DEMO\YMSJ.DAT 后,命令区提示:读点完成! 共读入 60 点。

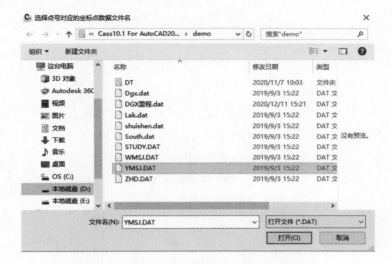

图 3-69 选择测点点号定位成图法的对话框

③绘平面图

根据野外作业时绘制的草图,移动鼠标至屏幕右侧菜单区选择相应的地形图图式符号,然后在屏幕中将所有的地物绘制出来。系统中所有地形图图式符号都是按照图层来划分的,例如所有表示测量控制点的符号都放在"控制点"这一层,所有表示独立地物的符号都放在"独立地物"这一层,所有表示植被的符号都放在"植被园林"这一层。

为了更加直观地在图形编辑区内看到各测点之间的关系,可以先将野外测点点号在屏幕中展示出来。

绘制平面图的操作方法:先移动鼠标至屏幕的顶部菜单"绘图处理"项按左键,这时系统弹出一个下拉菜单。再移动鼠标选择"展点"项的"野外测点点号"项按左键,这时命令区提示:"绘图比例尺 1",输入 1 000 并回车,便出现同图 3-68 所示的对话框。输入对应的坐标数据文件名 C:\CASS10.1\DEMO\YMSJ.DAT 后,便可在屏幕展出野外测点的点号。

根据外业草图,选择相应的地图图式符号在屏幕上将平面图绘出来。图 3-70 所示的草图,由 33、34、35 号点连成一间普通房屋。移动鼠标至右侧菜单"居民地/一般房屋"处按左键,系统便弹出如图 3-71 所示的对话框。再移动鼠标到"四点房屋"的图标处按左键,图标变亮表示该图标已被选中,然后移鼠标至 OK 处按左键。

命令区便分别出现以下的提示:1.已知三点/2.已知两点及宽度/3.已知四点<1>:输入 1,回车(或直接回车默认选 1)。

说明:已知三点是指测矩形房屋时测了三个点;已知两点及宽度则是指测矩形房屋时测了两个点及房屋的一条边;已知四点则是测了房屋的四个角点。

点 P/<点号>输入 33,回车。

说明:点 P 是指根据实际情况在屏幕上指定一个点;点号是指绘地物符号定位点时的点号(与草图的点号对应)。

点 P/<点号>输入 34,回车。

点 P/<点号>输入 35,回车。

这样,即将 33、34、35 号点连成一间普通房屋。

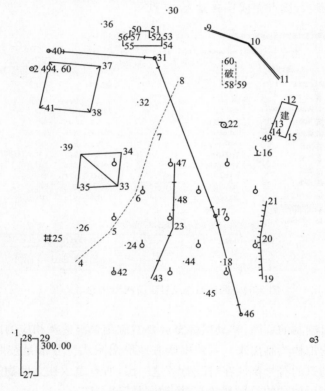

图 3-70　外业作业草图

注意:第一,当房屋是不规则的图形时,可用"多点一般房屋"或"多点砼房屋"等来绘制;第二,绘房屋时,输入的点号必须按顺时针或逆时针的顺序输入,如上例的点号按 34、33、35 或 35、33、34 的顺序输入,否则绘出来房屋即有误。

重复上述操作,将 37、38、41 号点绘成四点棚房;60、58、59 号点绘成四点破坏房屋;12、14、15 号点绘成四点建筑中房屋;50、52、51、53、54、55、56、57 号点绘成多点一般房屋;27、28、29 号点绘成四点房屋。

同样在"居民地/垣栅"层找到"依比例围墙"的图标,将 9、10、11 号点绘成依比例围墙的符号;在"居民地/垣栅"层找到"篱笆"的图标将 47、48、23、43 号点绘成篱笆的符号。完成这些操作后,其平面图如图 3-72 所示。

再把草图中的 19、20、21 号点连成一段陡坎,其操作方法:先移动鼠标至右侧屏幕菜单"地貌土质/人工地貌"处按左键,这时系统弹出如图 3-73 所示的对话框。

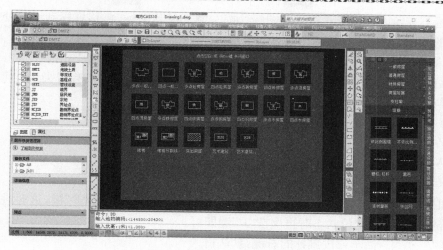

图 3-71　"居民地/一般房屋"图层图例

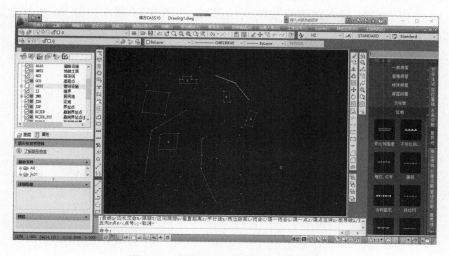

图 3-72　用"居民地"图层绘的平面图

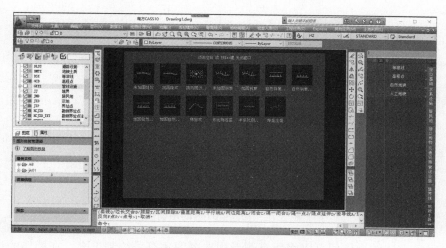

图 3-73　"地貌土质"图层图例

移鼠标到表示未加固陡坎符号的图标处按左键选择其图标,再移鼠标到 OK 处按左键确认所选择的图标。命令区便分别出现以下的提示。

请输入坎高,单位:m<1.0>:输入坎高,回车(直接回车默认坎高 1 m)。

说明:在这里输入的坎高(实测得的坎顶高程),系统将坎顶点的高程减去坎高得到坎底点高程,这样在建立(DTM)时,坎底点便参与组网的计算。

点 P/<点号>:输入 19,回车。

点 P/<点号>:输入 20,回车。

点 P/<点号>:输入 21,回车。

点 P/<点号>:回车或按鼠标的右键,结束输入。

注:如果需要在点号定位的过程中临时切换到坐标定位,可以按"P"键,这时进入坐标定位状态,若想回到点号定位状态时再次按"P"键即可。

拟合吗? <N>回车或按鼠标的右键,默认输入 N。

说明:拟合的作用是对复合线进行圆滑。

这时,便在 19、20、21 号点之间绘成陡坎的符号,如图 3-74 所示。注意:陡坎上的坎毛生成在绘图方向的左侧。

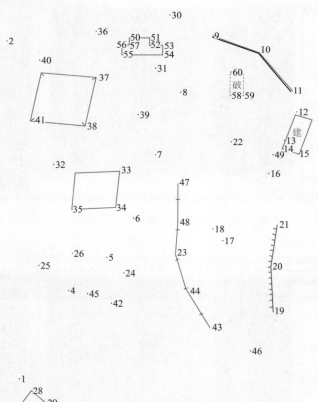

图 3-74　加绘陡坎后的平面图

这样,重复上述的操作便可以将所有测点用地图图式符号绘制出来。在操作的过程中,可以嵌用 CAD 的透明命令,如放大显示、移动图纸、删除、文字注记等。

（2）"坐标定位"法作业流程

①定显示区

此步操作与"点号定位"法作业流程的"定显示区"的操作相同。

②选择坐标定位成图法

南方 CASS
地物绘制

移动鼠标至屏幕右侧菜单区之"坐标定位"项，按左键，即进入"坐标定位"项的菜单。如果在"测点点号"状态下，可通过选择"CASS10.1 成图软件"按钮返回主菜单后再进入"坐标定位"菜单。

③绘平面图

与"点号定位"法成图流程类似，需先在屏幕上展点，根据外业草图，选择相应的地图图式符号在屏幕上将平面图绘出来，区别在于此时不能通过测点点号来进行定位，仍以作居民地为例讲解。移动鼠标至右侧菜单"居民地"处按左键，系统便弹出如图 3-71 所示的对话框。再移动鼠标到"四点房屋"的图标处按左键，图标变亮表示该图标已被选中，然后移鼠标至 OK 处按左键。而后命令区提示：1.已知三点/2.已知两点及宽度/3.已知四点＜1＞：输入 1，回车（或直接回车默认选 1）。而后命令区提示：输入点：移动鼠标至右侧屏幕菜单的"对象捕捉"项，点击右键选择"设置"，弹出如图 3-75 所示的对话框。勾选"节点"的图标，图标显示"对号"表示该图标已被选中，然后移鼠标至确定处按左键。这时鼠标靠近 33 号点，出现黄色标记，点击鼠标左键，完成捕捉工作。

输入点：同上操作捕捉 34 号点。

输入点：同上操作捕捉 35 号点。

这样，即将 33、34、35 号点连成一间普通房屋。

注意：在输入点时，嵌套使用了捕捉功能，选择不同的捕捉方式会出现不同形式的黄色光标，适用于不同的情况。

命令区要求"输入点"时，也可以用鼠标左键在屏幕上直接点击，为了精确定位也可输入实地坐标。下面以"路灯"为例进行演示。移动鼠标至右侧屏幕菜单"独立地物/其他设施"处按左键，这时系统便弹出"独立地物/其他设施"的对话框，如图 3-76 所示，移动鼠标到"路灯"的图标处按左键，图标变亮表示该图标已被选中，然后移鼠标至"确定"处按左键。这时命令区提示：

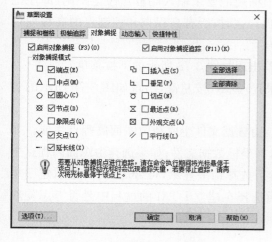

图 3-75　"对象捕捉方式"选项

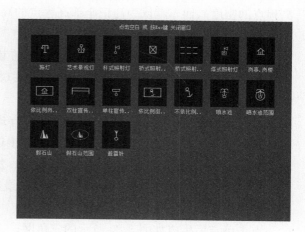

图 3-76　"独立地物/其他设施"图层图例

输入点:输入 143.35,159.28,回车。

这时就在(143.35,159.28)处绘好了一个路灯。

注意:随着鼠标在屏幕上移动,左下角提示的坐标实时变化。

5. 等高线的绘制

(1)绘制等高线

南方 CASS
坐标定位法
地物绘制

CASS10.1 在绘制等高线时,应充分考虑到等高线通过地性线和断裂线时的情况,如陡坎、陡崖等。CASS10.1 能自动切除通过地物、注记、陡坎的等高线。由于采用了轻量线来生成等高线,CASS10.1 在生成等高线后,文件大小比其他软件小很多。

在绘等高线之前,必须先将野外测的高程点建立数字地面模型(DTM),然后在数字地面模型上生成等高线。

①建立数字地面模型(构建三角网)

数字地面模型(DTM),是在一定区域范围内规则格网点或三角网点的平面坐标(x,y)和其地物性质的数据集合,如果此地物性质是该点的高程 Z,则此数字地面模型又称为数字高程模型(DEM)。这个数据集合从微分角度三维地描述了该区域地形地貌的空间分布。DTM 作为新兴的一种数字产品,与传统的矢量数据相辅相成,在空间分析和决策方面发挥越来越大的作用。借助计算机和地理信息系统软件,DTM 数据可以用于建立各种各样的模型解决一些实际问题,主要应用有:按用户设定的等高距生成等高线图、透视图、坡度图、断面图、渲染图、与数字正射影像 DOM 复合生成景观图,或者计算特定物体对象的体积、表面覆盖面积等,还可用于空间复合、可达性分析、表面分析、扩散分析等方面。

我们在使用 CASS10.1 自动生成等高线时,应先建立数字地面模型。在这之前,可以先"定显示区"及"展点"。"定显示区"的操作与上一节"草图法"中"点号定位"法的工作流程中的"定显示区"的操作相同,界面要求输入文件名时找到如下路径的数据文件"C:\CASS10.1\DEMO\DGX.DAT"。展点时可选择"展高程点"选项,即如图 3-77 所示的下拉菜单。

要求输入文件名时在"C:\CASS10.1\DEMO\DGX.DAT"路径下选择"打开"DGX.DAT文件后,命令区提示:"注记高程点的距离(m)"。根据规范要求输入高程点注记距离(即注记高程点的密度),回车默认为注记全部高程点的高程。这时,所有高程点和控制点的高程均自动展绘到图上。

移动鼠标至屏幕顶部菜单"等高线"项,按左键,出现如图 3-78 所示的下拉菜单。

移动鼠标至"建立 DTM"项,该处以高亮度(深蓝)显示,按左键,出现如图 3-79 所示的对话框。

首先选择建立 DTM 的方式,可分为两种方式:由数据文件生成和由图面高程点生成。如果选择由数据文件生成,则在坐标数据文件名中选择坐标数据文件;如果选择由图面高程点生成,则在绘图区选择参加建立 DTM 的高程点。然后选择结果显示,可分为三种:显示建三角网结果、显示建三角网过程和不显示三角网。最后选择在建立 DTM 的过程中是否考虑陡坎和地性线。

点击确定后生成如图 3-80 所示的三角网。

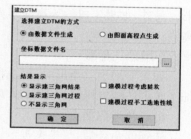

图 3-77 绘图处理下拉菜单   图 3-78 "等高线"的下拉菜单   图 3-79 选择建模高程数据文件

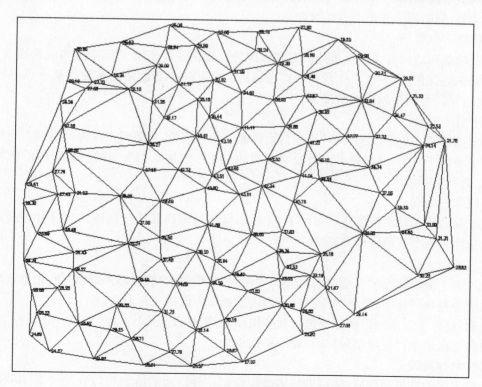

图 3-80 用 DGX. DAT 数据建立的三角网

②修改数字地面模型(修改三角网)

一般情况下,由于地形条件的限制在外业采集的碎部点很难一次性生成理想的等高线,如楼顶上控制点。另外还因现实地貌的多样性和复杂性,自动构成的数字地面模型与实际地貌不太一致,这时可以通过修改三角网来修改这些局部不合理的地方。

a. 删除三角形

如果在某区域局部内没有等高线通过时,则可将其局部内相关的三角形删除。删除三角形的操作方法:先将要删除三角形的区域局部放大,再选择"等高线"下拉菜单的"删除三角形"项,命令区提示选择对象:这时便可选择要删除的三角形,如果误删,可用"U"命令将误删的三角形恢复。

b. 过滤三角形

可根据用户需要输入最小角度或三角形中最大边长与最小边长的最大倍数等条件的三角形。如果出现 CASS10.1 在建立三角网后若无法绘制等高线,可过滤掉部分形状特殊的三角形。另外,如果生成的等高线不光滑,也可以用此功能将不符合要求的三角形过滤掉再生成等高线。

c. 增加三角形

如果要增加三角形时,可选择"等高线"菜单中的"增加三角形"项,依照屏幕的提示在要增加三角形的地方用鼠标点取,如果点取的地方没有高程点,系统会提示输入高程。

d. 三角形内插点

选择此命令后,可根据提示输入要插入的点:在三角形中指定点(可输入坐标或用鼠标直接点取),提示高程(m)=时,输入此点高程。通过此功能可将此点与相邻的三角形顶点相连构成三角形,同时原三角形会自动被删除。

e. 删除三角形顶点

用此功能可将所有由该点生成的三角形删除。因为一个点会与周围很多点构成三角形,如果手动删除三角形,不仅工作量较大而且容易出错。这个功能常用在发现某一点坐标错误时,要将它从三角网中剔除的情况下。

f. 重组三角形

指定两相邻三角形的公共边,系统自动将两三角形删除,并将两三角形的另两点连接起来构成两个新的三角形,这样做可以改变不合理的三角形连接。如果因两三角形的形状特殊无法重组,会有出错提示。

g. 删除三角网

生成等高线后就不再需要三角网了,这时如果要对等高线进行处理,三角网比较碍事,可以用此功能将整个三角网全部删除。

h. 修改结果存盘

通过以上命令修改了三角网后,选择"等高线"菜单中的"修改结果存盘"项,把修改后的数字地面模型存盘。这样,绘制的等高线不会内插到修改前的三角形内。

注意:修改了三角网后一定要进行此步操作,否则修改无效!

当命令区显示:"存盘结束!"时,表明操作成功。

③绘制等高线

完成上述的准备操作后,便可进行等高线绘制。等高线的绘制可以在绘平面图的基础上叠加,也可以在"新建图形"的状态下绘制。如在"新建图形"状态下绘制等高线,系统会提示您输入绘图比例尺。

　　用鼠标选择"等高线"下拉菜单的"绘制等高线"项，弹出如图 3-81 所示的对话框。

　　对话框中会显示参加生成 DTM 的高程点的最小高程和最大高程。如果只生成单条等高线，那么就在单条等高线高程中输入此条等高线的高程；如果生成多条等高线，则在等高距框中输入相邻两条等高线之间的等高距。最后选择等高线的拟合方式。总共有四种拟合方式：不拟合（折线）、张力样条拟合、三次 B 样条拟合和 SPLINE 拟合。观察等高线效果时，可输入较大的等高距并选择不光滑，以加

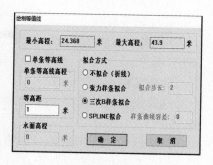

图 3-81　绘制等高线对话框

快速度。如选定拟合方法 2，则拟合步距以 2 m 为宜，但这时生成的等高线数据量比较大，速度会稍慢。测点较密或等高线较密时，最好选择光滑方法 3，也可选择不光滑，过后再用"批量拟合"功能对等高线进行拟合。选择方法 4 则用标准 SPLINE 样条曲线来绘制等高线，提示"请输入样条曲线容差：＜0.0＞"。容差是曲线偏离理论点的允许差值，可直接回车。SPLINE 线的优点在于即使其被断开后仍然是样条曲线，可以进行后续编辑修改，缺点是较选项 3 容易发生线条交叉现象。

　　当命令区显示：绘制完成，便完成绘制等高线的工作，如图 3-82 所示。

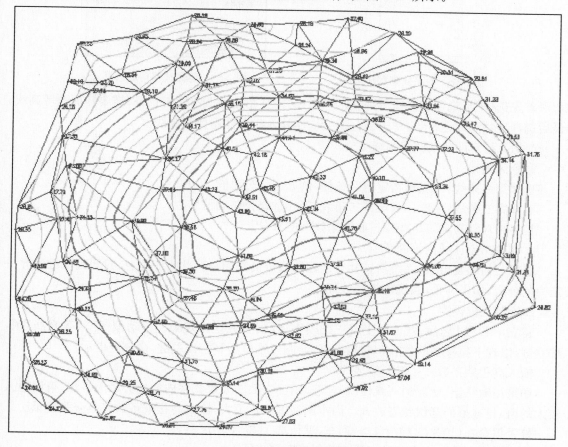

图 3-82　完成绘制等高线的工作

④等高线的修饰

a. 注记等高线

用"窗口缩放"项得到局部放大图,再选择"等高线"下拉菜单之"等高线注记"的"单个高程注记"项。

命令区提示:

选择需注记的等高(深)线:移动鼠标至要注记高程的等高线位置,即图 3-83 中的位置 A,按左键;

依法线方向指定相邻一条等高(深)线:移动鼠标至图 3-83 中的等高线位置 B,按左键。等高线的高程值即自动注记在 A 处,且字头朝 B 处。

b. 等高线修剪

左键点击"等高线/等高线修剪/批量修剪等高线",弹出如图 3-84 所示的对话框。

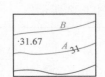

图 3-83　等高线高程注记

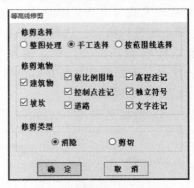

图 3-84　等高线修剪对话框

首先选择"消隐"或"修剪"等高线,然后选择"整图处理"或"手工选择"需要修剪的等高线,最后选择地物和注记符号,单击确定后会根据输入的条件修剪等高线。

c. 切除指定两条线间等高线

命令区提示:

选择第一条线:用鼠标指定第一条线,例如选择公路的一边。

选择第二条线:用鼠标指定第二条线,例如选择公路的另一边。

程序将自动切除等高线穿过此两条线间的部分。

d. 切除指定区域内等高线

选择一封闭复合线,系统将该复合线内所有等高线切除。此时应注意,封闭区域的边界一定为复合线,如果不是,系统将无法处理。

e. 绘制三维模型

建立了 DTM 之后,就可以生成三维模型,观察一下立体效果。移动鼠标至"等高线"项,按左键,出现下拉菜单。然后移动鼠标至"绘制三维模型"项,按左键,命令区提示:

输入高程乘系数<1.0>:输入 5。

如果用默认值,建成的三维模型与实际情况一致。如果测区内的地势较为平坦,可以输入较大的值,将地形的起伏状态放大。因本图坡度变化不大,输入高程乘系数将其夸张显示。

是否拟合?(1)是(2)否<1>:回车,默认选 1,拟合。

这时将显示此数据文件的三维模型,如图 3-85 所示。

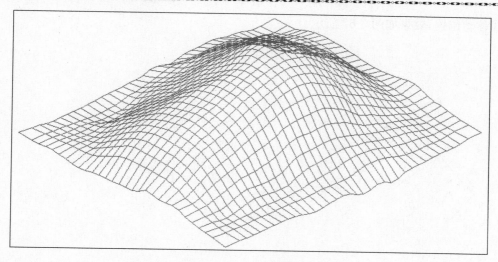

图 3-85　三维效果

另外利用"低级着色方式""高级着色方式"功能还可对三维模型进行渲染等操作,利用"显示"菜单下的"三维静态显示"的功能可以转换角度、视点、坐标轴,利用"显示"菜单下的"三维动态显示"功能可以绘出更高级的三维动态效果。

南方 CASS
绘制等高线

6.地形图的编辑与整饰

对于图形的编辑,CASS10.1 提供"编辑"和"地物编辑"两种下拉菜单;其中,"编辑"是由 AutoCAD 提供的编辑功能:如图元编辑、删除、断开、延伸、修剪、移动、旋转、比例缩放、复制、偏移拷贝等;"地物编辑"是由南方 CASS 系统提供的对地物编辑功能:如线形换向、植被填充、土质填充、批量删剪、批量缩放、窗口内的图形存盘、多边形内图形存盘等,下面举例说明。

(1)图形重构

通过右侧屏幕菜单绘出一个自然斜坡、一块菜地,如图 3-86 所示。

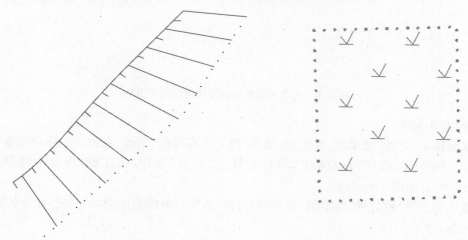

图 3-86　作出几种地物

用鼠标左键点取骨架线,再点取显示蓝色方框的结点使其变红,移动到其他位置,或者将骨架线移动位置,效果如图 3-87 所示。

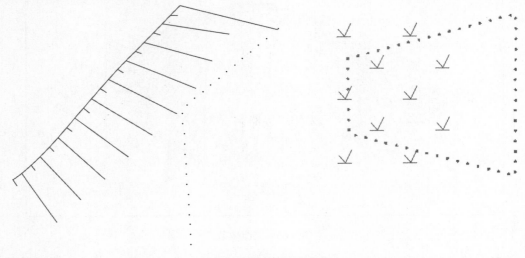

图 3-87　改变原图骨架线

将鼠标移至"地物编辑"菜单项,按左键,选择"重新生成"功能(也可选择左侧工具条的"重新生成"按钮),命令区提示:

选择需重构的实体:<重构所有实体>。回车表示对所有实体进行重构功能;此时,原图转化如图 3-88 所示。

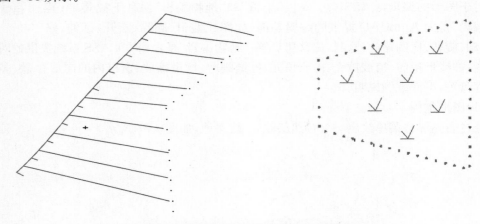

图 3-88　对改变骨架线的实体进行图形重构

(2)改变比例尺

将鼠标移至"文件"菜单项,按左键,选择"打开已有图形"功能,在弹出的窗口中输入"C:\CASS10.1\DEMO\STUDY.DWG",将鼠标移至"打开"按钮,按左键,屏幕上将显示例图 STUDY.DWG,如图 3-89 所示。

将鼠标移至"绘图处理"菜单项,按左键,选择"改变当前图形比例尺"功能,命令区提示:当前比例尺为 1∶500。

输入新比例尺<1∶500>1:输入要求转换的比例尺,例如输入 1 000。

这时屏幕显示的 STUDY.DWG 图就转变为 1∶1 000 的比例尺,各种地物包括注记、填充符号都已按 1∶1 000 的图示要求进行转变。

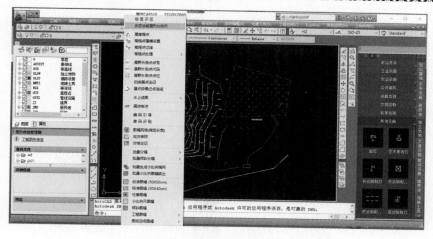

图 3-89　例图 STUDY. DWG

（3）查看及加入实体编码

将鼠标移至"数据处理"菜单项,点击左键,弹出下拉菜单,选择"查看实体编码"项,命令区提示:"选择图形实体"。鼠标变成一个方框,选择图形,则屏幕弹出如图 3-90 所示的属性信息,或直接将鼠标移至多点房屋的线上,则屏幕自动出现该地物属性,如图 3-91 所示。

图3-90　查看实体编码

图 3-91　自动显示实体属性

将鼠标移至"数据处理"菜单项,点击左键,弹出下拉菜单,选择"加入实体编码"项,命令区提示:"输入代码(C)/<选择已有地物>"。鼠标变成一个方框,这时选择下侧的陡坎。

选择要加属性的实体:

选择对象:用鼠标的方框选择多点房屋。这时多点房屋变陡坎。

在第一步提示时,也可以直接输入编码(此例中输入未加固陡坎的编码为 204201),即在下一步中选择的实体将转换成编码为 204201 的未加固陡坎。

（4）线形换向

通过右侧屏幕菜单绘出未加固陡坎、加固斜坡、依比例围墙、栅栏各一个,如图 3-92 所示。

将鼠标移至"地物编辑"菜单项,点击左键,弹出下拉菜单,选择"线形换向",命令区提示:

请选择实体:将转换为小方框的鼠标光标移至未加固陡坎的母线,点击左键。

这样,该条未加固陡坎即转变了坎的方向。以同样的方法选择"线形换向"命令(或在工作区点击鼠标右键重复上一条命令),点击栅栏、加固陡坎的母线,以及依比例围墙的骨架线,完成换向功能,结果如图 3-93 所示。

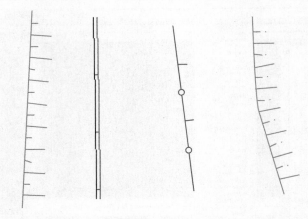

图 3-92　线形换向前

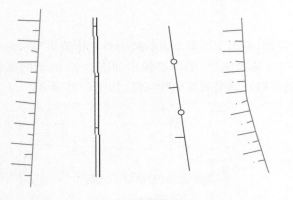

图 3-93　线形换向后

南方 CASS 地形图的编辑

(5)坎高的编辑

通过右侧屏幕菜单的"地貌土质"项绘制一条未加固陡坎,在命令区提示"输入坎高:(m)<1.000>"时,回车默认 1 m。

将鼠标移至"地物编辑"菜单项,点击左键,弹出下拉菜单,选择"修改坎高",则在陡坎的第一个结点处出现一个十字丝,命令区提示"选择陡坎线"。

请选择修改坎高方式:(1)逐个修改;(2)统一修改。

当前坎高=1.000 m,输入新坎高<默认当前值>:输入新值,回车(或直接回车默认 1 m)。

十字丝跳至下一个结点,命令区提示:

当前坎高=1.000 m,输入新坎高<默认当前值>:输入新值,回车(或直接回车默认 1 m)。

如此重复,直至最后一个结点结束。这样便将坎上每个测量点的坎高进行了更改。

若在选择修改坎高方式中选择(2),则提示:

请输入修改后的统一坎高:<1.000>。输入要修改的目标坎高,则将该陡坎的高程改为同一个值。

(6)图形分幅

CASS 软件提供了多种分幅方式,但是地形图分幅一般会根据实际情况只采用其中的批量分幅、标准分幅及任意分幅操作。

在进行分幅前首先应进行图廓属性的设定。选择"文件"菜单项,弹出下拉菜单,选择

"CASS 参数设置"中"图廓属性",进行图廓属性设置,将坐标系、高程系、图式、测图日期、密级、图名输出方式等按照实际情况进行设置,并可对图名、图号、比例尺等显示内容的字体、字高等按照需要进行调整,如图 3-94 所示。

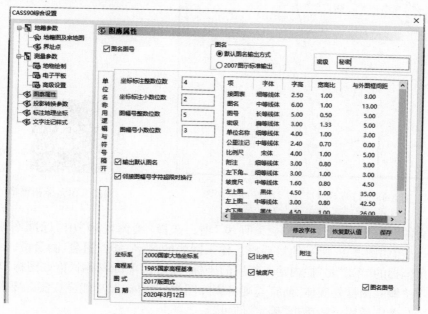

图 3-94 图廓属性设置对话框

对于大面积的测区,在图形分幅前,应做好分幅的准备工作。了解图形数据文件中的最小坐标和最大坐标。注意:在 CASS10.1 下侧信息栏显示的数学坐标和测量坐标是相反的,即 CASS10.1 系统中前面的数为 Y 坐标(东向),后面的数为 X 坐标(北向)。

将鼠标移至"绘图处理"菜单项,点击左键,弹出下拉菜单,选择"批量分幅/建方格网",命令区提示:

请选择图幅尺寸:(1)50×50;(2)50×40;(3)自定义尺寸;<1>按要求选择。此处直接回车默认选 1。

输入测区一角:在图形左下角点击左键。

输入测区另一角:在图形右上角点击左键。

请输入批量分幅的取整方式:<1>取整到图幅;<2>取整到 10 m;<3>取整到 m。此处直接回车默认选 1。

这样就给大面积的图形建立了方格网,自动以各个分幅图左下角的东坐标和北坐标结合起来命名,如"29.50-39.50""29.50-40.00"等。如果要求输入分幅图目录名时直接回车,则各个分幅图自动保存在安装了 CASS10.1 的驱动器的根目录下。

选择"绘图处理/批量分幅/批量输出",在弹出的对话框中确定输出图幅的存储目录名,点击"确定",即可批量输出图形到指定的目录,如需修改图廓信息可在图形中手动更改。

(7)图幅整饰

当测区范围较小时,不需要进行图幅划分;此处我们以南方 CASS 自带的范例数据 STUDY.DWG 为例进行说明,确认 STUDY.DWG 图形被打开,如图 3-95 所示。

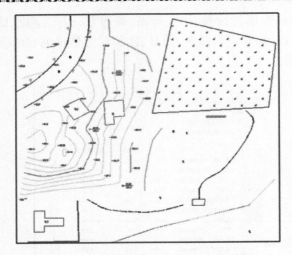

图 3-95　打开 SOUTH1. DWG 的平面图　　　　　　南方 CASS 图幅整饰

选择"文件"中的"加入 CASS10.1 环境"项。选择"绘图处理"中"标准图幅（50 cm×50 cm)"项,显示如图 3-96 所示的对话框。输入图幅的名字、邻近图名、测量员、制图员、审核员,在左下角坐标的"东""北"栏内输入相应的坐标,然后回车;或利用"拾取图标"功能在图上手动选择。在"删除图框外实体"前打勾则可删除图框外实体,此功能应按实际要求选择,例如此处选择打勾,选定后用鼠标单击"确定"即可。

因为 CASS10.1 系统所采用的坐标系统是测量坐标,即 1∶1 的真坐标,加入 50 cm×50 cm 图廓后的平面图,如图 3-97 所示。

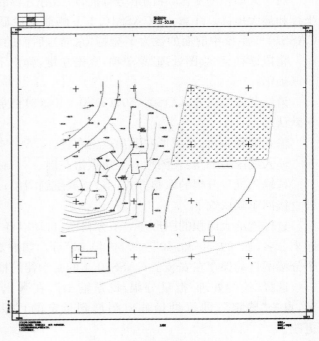

图 3-96　输入图幅信息对话框　　　　　　图 3-97　加入图廓的平面图

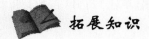 拓展知识

CASS10.1 软件功能拓展介绍

1. 快捷命令

在利用南方 CASS 软件进行内业绘图时,为了提高绘图效率,可以灵活运用鼠标点击绘图图标或在键盘输入快捷命令来进行绘图,CASS10.1 和 AutoCAD 系统常用的命令和快捷键见表 3-7,初学者可以通过熟记以下快捷键来提高自己的绘图效率。

表 3-7 CASS10.1 he AutoCAD 系统常用快捷键

CASS10.1		AutoCAD 系统		
快捷键	作用	快捷键	CAD 命令	作用
DD	通用绘图命令	A	ARC	画弧
V	查看实体属性	C	CIRCLE	画圆
S	加入实体属性	CP	COPY	复制
F	图形复制	E	ERASE	删除
RR	符号重新生成	L	LINE	画直线
H	线形换向	PL	PLINE	画复合线
KK	修改坎高	LA	LAYER	设置图层
X	多功能复合线	LT	LINETYPE	设置线形
B	自由连接	M	MOVE	移动
AA	给实体加地物名	P	PAN	屏幕移动
T	注记文字	Z	ZOOM	屏幕缩放
FF	绘制多点房屋	R	REDRAW	屏幕重画
SS	绘制四点房屋	PE	PEDIT	复合线编辑
W	绘制围墙			
K	绘制陡坎			
XP	绘制自然斜坡			
G	绘制高程点			
I	绘制电力线			
N	批量拟合复合线			
O	批量修改复合线高程			
REDEN	重新生成模型			

注:以上命令不区分大小写。

2. 图形数据拼接

采用数字的方式测绘地形图时,通常是按一定界线先将测区划分为若干个作业区,不同的小组同时作业、数据采集并绘制完成后,再将所有数据拼接在一起,这里 CASS 软件可提供比较方便的拼接方法。

(1)运行南方 CASS10.1 地形地籍软件,先打开其中一个区域的地形图,然后点击"工具/插入图块"菜单,如图 3-98 所示。

(2)在弹出的对话框中点击左上角浏览按钮,如图 3-99 所示。

（3）在弹出的"选择图形文件"对话框中选择另一小组绘制的地形图，单击"打开"按钮，如图 3-100 所示。

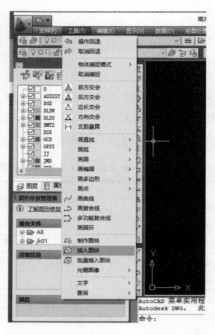

图 3-98　"工具/插入图块"菜单

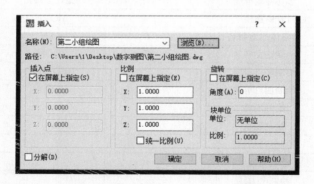

图 3-99　设置路径类型、插入点、缩放比例等

图 3-100　"选择图形文件"对话框

（4）在 3-99 所示的对话框中设置好路径类型、插入点、缩放比例等选项后单击"确定"按钮，也可以保持默认设置，直接点击"确定"按钮，最终两个小组绘制的图形就按照实际的坐标拼接到了一起，如图 3-101 所示。

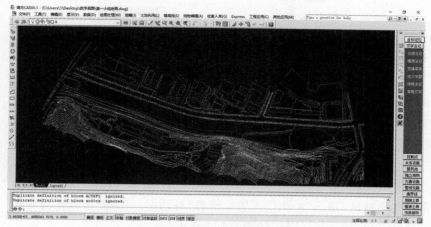

图 3-101 拼接好的图形

如果同时有多幅图需要拼接，也可以选择工具里的"批量插入图块"命令进行图形拼接，这里就不再赘述。

3.CASS10.1 绘图输出

在图形绘制完成以后，我们经常需要将地形图输出打印或者存储成图片格式，这里我们以导出 PDF 格式文件为例进行说明。

（1）将要导出 PDF 的地形图在 CASS10.1 中打开后，点击"文件"，在下拉菜单中选择"绘图输出"，在弹出的下级菜单中点击"打印"，如图 3-102 所示。

图 3-102 "打印"命令

（2）在弹出的"打印—Model"对话框中，在"打印机/绘图仪/名称"下拉选项中选择"DWG-ToPDF.pc3"，未找到图纸尺寸，单击默认即可，如图 3-103 所示。

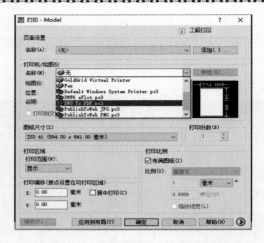

图 3-103　选择输出为 DWGToPDF

（3）点击打印机特性，弹出"绘图仪配置编辑器"对话框。在"设备和文档设置"标签页选择"自定义图纸尺寸"，单击"添加"按钮，如图 3-104 所示。

图 3-104　添加自定义图纸尺寸

（4）弹出"自定义图纸尺寸"对话框，选择"创建新图纸"，点击"下一步"，如图 3-105 所示。

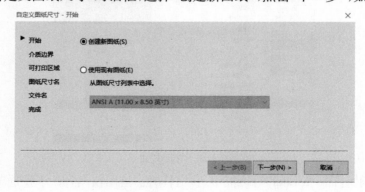

图 3-105　创建新图纸

（5）在"自定义图纸尺寸—介质边界"中，宽度和高度应根据图形尺寸填写，然后始终选择"下一步"即可，如图3-106所示。

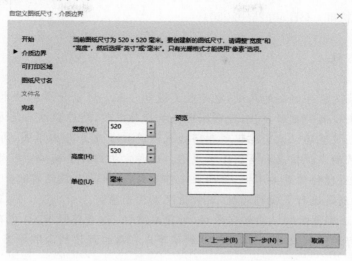

图3-106　设置图纸尺寸

（6）回到"绘图仪配置编辑器"对话框，选择"确定"。返回"打印—Model"对话框，在图纸尺寸中，选择设置好的图纸尺寸，如图3-107所示。

（7）点击预览，可见即使图纸放大后元素也不应变模糊。点击"确定"，将图纸导出为图片。

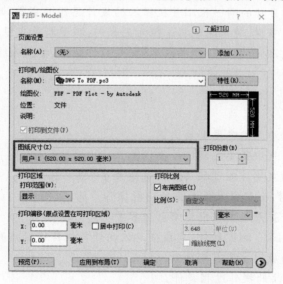

图3-107　选择自定义图纸尺寸

 相关规范、规程与标准

数字测图测量规范（规程）是国家测绘管理部门或行业部门制定的技术法规，本次数字测图技术设计依据的规范（规程）有：

1.《国家基本比例尺地图图式　第1部分：1∶500、1∶1 000、1∶2 000地形图图式》（GB/T

20257.1—2017）；

2.《1∶500 1∶1 000 1∶2 000 外业数字测图规程》（GB/T 14912—2017）；

3.《工程测量标准》（GB 50026—2020）。

 项目小结

野外数据采集是数字测图的基础，也是最关键的一环。随着计算机技术在测量中应用的迅速发展以及测绘仪器的更新换代，数字测图技术日趋成熟，野外数据采集方法多种多样。

草图法由绘图员现场记录全站仪所测得的点的连接信息并绘出草图，再到室内根据全站仪或电子手簿记录的点位信息和草图整理成图。这种方法弥补了编码的不足，观测效率较高、外业观测时间较短、硬件配置要求低，但内业工作量大，而且每个镜站需配一名绘图员，容易造成人力的浪费，特别是进行多镜作业时，这种情况尤为严重。

GNSS-RTK 法测量时测站间无需通视，测量数度快，但多路径效应、电磁波干扰、高大建筑物对接收机视野的限制较大，在高楼林立的城市或在森林茂密的山区等卫星信号很弱，难以观测。

内业软件成图部分重点介绍 CASS 软件的草图法成图，包括数据传输、地物编辑、等高线绘制与编辑以及图形编辑修改等方法。

随着当代高新技术在测绘领域的不断渗透，测绘仪器也不断有新产品问世。如近年来无反射镜全站仪的测程和精度有所提高，GNSS 接收机和全站仪相结合的新型全站仪的问世，以至能够自动照准天然目标的新一代测量机器人的设计思想的成熟，所有这些必将使野外数据采集的方法将越来越多样、越来越完善。但无论如何，测量人员应根据自身的实际情况选择最适合自己的作业模式，以节省测绘产品成本、提高工作效率、增强测绘市场的竞争力。

 复习思考题

1.简述数据采集的绘图信息类型及内涵。

2.论述数据采集过程中所要采集的绘图信息。

3.简述数字测图的主要作业过程及数据采集方法。

4.使用索佳 set 系列全站仪采集数据的一般操作步骤。

5.地面数字测图外业采集数据包括哪些内容？

6.简述采用 CASS10.1 测图软件，完成全站仪向计算机传输数据的操作过程。

7.数据无法传输的原因主要有哪些？

8.CASS 软件草图法的操作过程是什么？

9.定显示区的作用是什么？

10.等高线自动绘制通常采用哪两种方法？在大比例尺数字测图中常采用哪种方法？为什么？

11.简述由离散数据点建立三角形网的基本过程。

12.试述按三角网法自动绘制等高线的步骤。

13.与传统测绘地形图的方法相比数字测图的优点表现在哪些方面？

项目 4　编码法测图

项目描述

　　野外数据采集仅仅采集碎部点的位置(点的坐标信息)是不能满足计算机自动成图要求的,还必须将地物点的连接关系和地物信息(地物类别)记录下来。通常是用按一定规则构成的符号串来表示地物属性和连接关系等信息,这种有一定规则的符号串称为数据编码。数据编码的基本内容包括:地物要素编码(或称地物特征码、地物属性码、地物代码)、连接关系码(或连接点号、连接序号、连接线形)、面状地物填充码等。

　　由于国家标准地形要素分类与编码推出得比较晚,且记忆与使用不方便,目前的数字测图系统多采用以前各自设计的编码方案,其中简编码就是比较实用易行的方案。简编码是在野外作业时仅输入简单的提示性编码,经内业简码识别后,自动转换为程序内部码。南方 CASS 测图系统的有码作业模式,是一个有代表性的简码输入方案。

学习目标

1.知识目标

(1)掌握简码与信息码的对应表关系;

(2)掌握野外操作码的定义方法;

(3)掌握外业采集作业步骤;

(4)掌握编码引导法作业流程;

(5)掌握简码法作业流程。

2.能力目标

(1)能利用编码法采集外业数据;

(2)能利用编码法进行内业成图。

3.素质目标

(1)培养团队协作和自主创新意识;

(2)培养学生严谨求实的工作作风;

(3)具备诚实守信和爱岗敬业的职业道德。

任务 4.1　数据编码简介

4.1.1　任务目标

　　全野外数字化作业流程可以概括为:外业数据采集→数据通信→数据预处理→数据录入→编辑成图;其中外业采集和数据预处理是相辅相成的,也是全野外数字化作业中比较关键的工序。当地物比较规整时，可以采用编码法模式，在测量现场可输入编码，室内自动成图。通过学习本任务，旨在以南方 CASS 软件为技术载体，掌握数字测图工作中的数据编码规则。

4.1.2　相关配套知识

1. 简码与信息码的对应关系

CASS 软件的野外操作码由描述实体属性的野外地物码和一些描述连接关系的野外连接码组成。CASS 软件系统预先定义了一个 JCODE. DEF 文件，该文件用来描述野外操作码与 CASS 软件内部编码的对应关系，用户可以通过编辑 JCODE. DEF 文件以满足自己的需要，但要注意不能重复。文件格式如下。

　　　　野外操作码，CASS 编码

　　　　……

　　　　END

对于 CASS 软件，JCODE. DEF 文件部分内容如下：

　　　　DX,131500……………………导线点

　　　　CP,131800……………………支点

　　　　F ,141101 ……………………房角点

　　　　W ,144301 ……………………围墙点

　　　　PP,151600……………………盐井点

　　　　R ,164300 ……………………道路点

　　　　S ,181101 ……………………水涯线

　　　　GC,202101……………………高程点

　　　　J ,216100 ……………………地类界

　　　　H ,215400 ……………………花圃线

　　　　⋮

　　　　END

以上文件中左边为简码（具有很大的随意性）、右边为信息码，这部分对应关系应完全符合系统要求。对于其他测图软件，对应表文件名不同，但是操作方法一样。

2. 野外操作码的定义规则

（1）野外操作码的定义

①野外操作码有 1—3 位，第一位是英文字母，大小写等价，后面是范围为 0～99 的数字，无意义的 0 可以省略，例如，A 和 A00 等价、F1 和 F01 等价。

②野外操作码后面可跟参数，如野外操作码不到 3 位，与参数间应有连接符"—"；如有 3 位，后面可紧跟参数，参数有控制点的点名、房屋的层数、陡坎的坎高等。

③野外操作码第一个字母不能是"P"，该字母只代表平行信息。

④Y0、Y1、Y2 三个野外操作码固定表示圆，以便和老版本兼容。

⑤可旋转独立地物要测两个点以便确定旋转角。

⑥野外操作码如以"U""Q""B"开头，将被认为是拟合的，所以如果某地物有的拟合，有的不拟合，就需要两种野外操作码。

⑦房屋类和填充类地物将自动被认为是闭合的。

⑧房屋类和符号定义文件第 14 类别地物如只测三个点，系统会自动给出第四个点。

⑨对于查不到 CASS 编码的地物以及没有测够点数的地物,如只测一个点,自动绘图时不做处理,如测两点以上则按线性地物处理。

地物符号代码主要分为线面状地物符号代码、点状地物符号代码、描述连接关系的符号。线面状地物符号代码见表 4-1,点状地物符号代码见表 4-2,描述连接关系的符号见表 4-3。

表 4-1 线面状地物符号代码表

坎类(曲):K(U)+数(0—未加固陡坎,1—加固陡坎,2—未加固斜坡,3—加固斜坡,4—半依比例尺石垄,5—实质的陡崖,6—双线干沟)

线类(曲):X(Q)+数(0—县道乡道村道,1—内部道路,2—小路,3—机耕路虚线边,4—建筑中公路,5—地类界,6—乡、镇界,7—县、县级市界,8—地区、地级市界,9—省界线)

垣栅类:W+数(0,1—宽为 0.5 m 的围墙,2—栅栏,3—铁丝网,4—篱笆,5—活树篱笆,6—不依比例围墙,不拟合,7—不依比例围墙,拟合)

铁路类:T+数[0—标准铁路(大比例尺),1—标(小),2—窄轨铁路(大),3—窄(小),4—轻轨铁路(大),5—轻(小),6—缆车道(大),7—缆车道(小),8—架空索道,9—过河电缆]

电力线类:D+数(0—电线塔,1—高压线,2—低压线,3—通信线)

房屋类:F+数(0——般房屋,1—普通房,2—多点混凝土房屋,3—建筑中房,4—破坏房,5—棚房,6—简单房)

管线类:G+数[0—架空(大),1—架空(小),2—地面上的,3—地下的,4—有管堤的]

植被土质:拟合边界:B—数(0—旱地,1—水稻,2—菜地,3—天然草地,4—有林地,5—行树,6—狭长灌木林,7—盐碱地,8—沙地,9—花圃)
　　　　　不拟合边界:H—数(0—旱地,1—水稻,2—菜地,3—天然草地,4—有林地,5—行树,6—狭长灌木林,7—盐碱地,8—沙地,9—花圃)

圆形物:Y+数(0—半径,1—直径两端点,2—圆周三点)

平行体:P+[X(0-9),Q(0-9),K(0-6),U(0-6)…]

控制点:C+数(0—图根点,1—埋石图根点,2—导线点,3—小三角点,4—三角点,5—土堆上的三角点,6—土堆上的小三角点,7—天文点,8—水准点,9—界址点)

例如:K0——直折线形的陡坎,U0——曲线形的陡坎,W1——土围墙,T0——标准铁路(大比例尺),Y012.5——以该点为圆心、半径为 12.5 m 的圆。

表 4-2 点状地物符号代码表

符号类别	编码及符号名称				
水系设施	A00 水文站	A01 停泊场	A02 航行灯塔	A03 航行灯桩	A04 航行灯船
	A05 左航行浮标	A06 右航行浮标	A07 系船浮筒	A08 急流	A09 过江管线标
	A10 信号标	A11 露出的沉船	A12 淹没的沉船	A13 泉	A14 水井

符号类别	编码及符号名称				
土质	A15 石堆				
居民地	A16 学校	A17 肥气池	A18 卫生所	A19 地上窑洞	A20 电视发射塔
	A21 地下窑洞	A22 窑	A23 蒙古包		
管线设施	A24 上水检修井	A25 下水雨水检修井	A26 圆形污水蓖子	A27 下水暗井	A28 煤气天然气检修井
	A29 热力检修井	A30 电信入孔	A31 电信手孔	A32 电力检修井	A33 工业、石油检修井
	A34 液体气体储存设备	A35 不明用途检修井	A36 消火栓	A37 阀门	A38 水龙头
	A39 长形污水蓖子				
电力设施	A40 变电室	A41 无线电杆、塔	A42 电杆		
军事设施	A43 旧碉堡	A44 雷达站			
道路设施	A45 里程碑	A46 坡度表	A47 路标	A48 汽车站	A49 臂板信号机
独立树	A50 阔叶独立树	A51 针叶独立树	A52 果树独立树	A53 椰子独立树	
工矿设施	A54 烟囱	A55 露天设备	A56 地磅	A57 起重机	A58 探井
	A59 钻孔	A60 石油、天然气井	A61 盐井	A62 废弃的小矿井	A63 废弃的平硐洞口
	A64 废弃的竖井井口	A65 开采的小矿井	A66 开采的平硐洞口	A67 开采的竖井井口	
公共设施	A68 加油站	A69 气象站	A70 路灯	A71 照射灯	A72 喷水池
	A73 垃圾台	A74 旗杆	A75 亭	A76 岗亭、岗楼	A77 钟楼、鼓楼、城楼
	A78 水塔	A79 水塔烟囱	A80 环保监测点	A81 粮仓	A82 风车
	A83 水磨房、水车	A84 避雷针	A85 抽水机站	A86 地下建筑物天窗	
宗教设施	A87 纪念像碑	A88 碑、柱、墩	A89 塑像	A90 庙宇	A91 土地庙
	A92 教堂	A93 清真寺	A94 敖包、经堆	A95 宝塔、经塔	A96 假石山
	A97 塔形建筑物	A98 独立坟	A99 坟地		

表 4-3 描述连接关系的符号含义

符 号	含 义
＋	本点与上一点相连,连线按测点顺序进行
－	本点与下一点相连,连线按测点顺序相反方向进行
n^+	本点与上 n 点相连,连线按测点顺序进行
n^-	本点与下 n 点相连,连线按测点顺序相反方向进行
p	本点与上一点所在地物平行
np	本点与上 n 点所在地物平行
＋A＄	断点标识符,本点与上点连
－A＄	断点标识符,本点与下点连

"＋""－"符号的意义:("＋""－"表示连线方向)

（2）操作码的具体构成

①对于地物的第一点,操作码＝地物代码。图 4-1 中的 1、5 两点(点号表示测点顺序,括号中为该测点的编码,下同)。

②连续观测某一地物时,操作码为"＋"或"－";其中"＋"号表示连线依测点顺序进行;"－"号表示连线依测点顺序相反的方向进行,如图 4-2 所示。在 CASS 软件中,连线顺序将决定类似于坎类的齿牙线的画向,齿牙线及其他类似标记总是画向连线方向的左边,因而改变连线方向就可改变其画向。

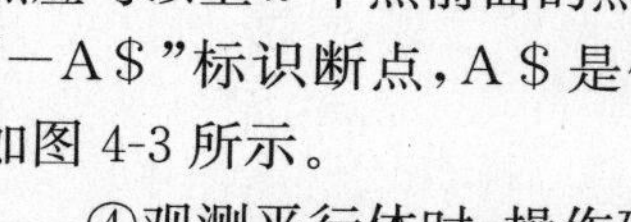

图 4-1 地物起点的操作码

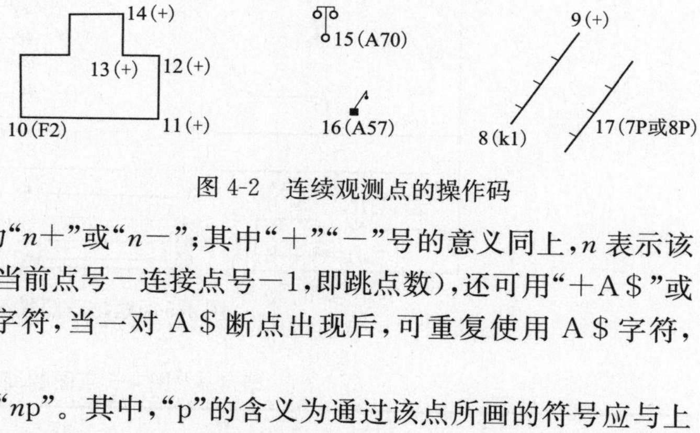

图 4-2 连续观测点的操作码

③交叉观测不同地物时,操作码为"n＋"或"n－";其中"＋""－"号的意义同上,n 表示该点应与以上 n 个点前面的点相连(n＝当前点号－连接点号－1,即跳点数),还可用"＋A＄"或"－A＄"标识断点,A＄是任意助记字符,当一对 A＄断点出现后,可重复使用 A＄字符,如图 4-3 所示。

④观测平行体时,操作码为"p"或"np"。其中,"p"的含义为通过该点所画的符号应与上点所在地物的符号平行且同类,"np"的含义为通过该点所画的符号应与以上跳过 n 个点后的点所在的符号画平行体,对于带齿牙线的坎类符号,将会自动识别出其为堤还是沟。若上点或跳过 n 个点后的点所在的符号不为坎类或线类,系统将会自动搜索已测过的坎类或线类符号的点。因而,用于绘平行体的点,可在平行体的一边未测完时测对面点,亦可在测完后接着测对面的点,还可在加测其他地物点之后,测平行体的对面点,如图 4-4 所示。

（3）简编码记录作业技巧。

①快捷码设置不宜过长,越短越好,最好是一位。

②司镜员与观测员灵活配合,简码变换越少越好。

③若有重合点应尽量利用重合码。

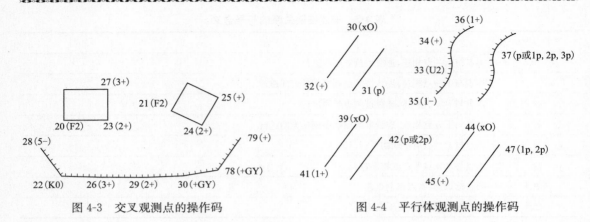

图 4-3　交叉观测点的操作码　　　　　　图 4-4　平行体观测点的操作码

④若能够记住地物顺序应尽量利用隔物跳点码。

⑤考虑设置一个本测区没有的地物(如盐井)作万能码。

⑥灵活结合成图软件编辑功能,多打关键点、不作无用功。

(4)简编码记录实例

图 4-5 是一块比较规整的地物区域,按上述规则进行编写 CASS 软件的简编码,编写结果见表 4-4。

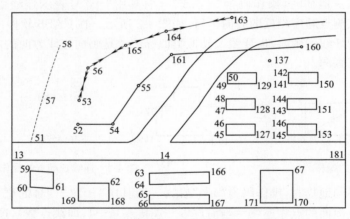

图 4-5　地物草图情况

表 4-4　图 4-5 草图的简码表

1	F2	14	F2	27	F2	40	7—
2	+	15	+	28	+	41	5—
3	A70	16	F2	29	11+	42	3—
4	K0	17	+	30	20—	43	12—
5	F2	18	9+	31	8—	44	—
6	+	19	A26	32	F2	45	A70
7	F2	20	A26	33	+	46	X0
8	+	21	9—	34	8—	47	D3
9	4—	22	F2	35	F2	48	1+

续表

10	8—	23	＋	36	＋	49	1＋
11	F2	24	9—	37	9—	50	1＋
12	＋	25	F2	38	F2	51	1＋
13	7—	26	＋	39	＋	52	1P

3.外业采集作业步骤

①首先设站后瞄准零方向定向。

②建立采集数据文件:如 J0101.SDR(索佳仪器文件),第一位表示观测员的姓;第二、三位表示观测月份;第四、五位表示观测文件序号。

③观测碎部点获取其三维坐标。

④输入该点的简码信息:如图根支点用"CP"表示;房角点用"F"表示;高程点用"GC"表示;连线符号用"—"表示;等等。

⑤存入该点的三维坐标。

⑥观测结束后保存文件、退出。

⑦重复以上步骤。

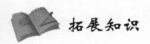 拓展知识

简编码数据预处理

外业采集的观测数据经过数据通信后传入到计算机内,所得的文件内容因仪器的不同而排列顺序有所差异,但是都如索佳全站仪文件 J0101.SDR 一样,由标识码、点序号、X 坐标、Y 坐标、H 高程、简码组成。数据预处理的目的就是对观测数据进行重新整理,使其能够被成图软件所接受,达到自动化成图的目的。

数据预处理步骤:

①首先分析外业采集的数据格式,找出空间数据和属性数据信息所在位置,用 VB 或 VC 等语言编写预处理程序,该程序主要功能就是提出空间数据和属性数据信息,整理出可导入成图软件的 DAT 文件。数据预处理程序内容此处不再详述。

②编辑观测数据,改正外业过程中因用错的简码和标高等导致的人为失误。

③调用预处理程序处理观测数据文件。

④经数据预处理后的索佳文件 J0101.SDR 转化为 J0101.DAT,以下对其进行简略分析。

J0101.SDR 的数据格式如下:

标识码	点序号	X 坐标	Y 坐标	H 高程	简码
08TP	00000001	538 774.750	420 175.930	101.011	F
08TP	00000002	538 779.180	420 182.050	999.000	—
08TP	00000003	538 770.100	420 196.130	999.000	—
08TP	00000004	538 763.270	420 193.900	102.121	GC
08TP	00000005	538 760.160	420 210.470	110.231	1—
08TP	00000006	538 750.260	420 212.010	102.142	R

08TP	00000007	538 743.890	420 219.630	999.000	—
08TP	00000008	538 750.460	420 222.720	999.000	—
08TP	00000009	538 736.180	420 238.610	103.045	F-W

J0101. DAT 的数据格式如下：

1,F,538 774.750,420 175.930,101.011

2,—,538 779.180,420 182.050,999.000

3,—,538 770.100,420 196.130,999.000

5,1—,538 760.160,420 210.470,110.231

4,GC,538 763.270,420 193.900,102.121

6,R,538 750.260,420 212.010,102.142

7,—,538 743.890,420 219.630,999.000

8,—,538 750.460,420 222.720,999.000

9,F,538 736.180,420 238.610,103.450

9,W,538 736.180,420 238.610,103.450

很显然，J0101. DAT 相比于 J0101. SET 有如下特点：

①所有的空间数据和属性数据都提取出来了，但是数据格式已经做了调整。

②总点数由 9 个变为 10 个，因为用了重合码 F-W，原 9 号点拆分为 2 个点。

③5 号点跳跃到 4 号点前面，因为该点用了跳码"1—"。

④该文件可以直接导入成图软件 CASS。

任务 4.2　编码法测图

4.2.1　任务目标

编码法即利用成图系统的地形地物编码方案，在野外测图时不用画草图，只需将每一点的编码和相邻点的连接关系直接输入到全站仪或电子记录手簿中去，内业成图时利用计算机成图系统，自动根据点的编码和连接信息进行图形生成，也称为全要素编码法。通过学习本任务，要求学习者掌握编码法测图的作业流程。

编码法测图主要有两种模式：一种是在采集数据的同时输入简编码，用"简码识别"成图；另外一种是在采集数据时未输入简编码，编辑引导文件（ *. YD），用"编码引导"成图。编码引导的作用是将"引导文件"与"无码的坐标数据文件"合并成一个新的带简编码格式的坐标数据文件。目前无论是全站仪还是 GNSS 手簿均自带内存，可以在采集数据时进行代码编辑和保存，所以常采用第一种模式。

该方法的缺点是内外业工作量分配不合理、外业编码工作量大，点位关系复杂时，容易输入错误编码。编码法突出的优点是自动化程度较高、内业工作量相对较少，符合测量作业自动化的大趋势；但这种作业模式要求观测员熟悉编码，并在测站上随观测随输入。另外，当司镜员离测站较远时，观测者很难看清地物属性和连接关系，这就要求观测员与司镜员密切配合，相互交流反馈有关信息；其作业流程如下：

设站→观测输入编码→将数据输入微机→格式转换和编码识别→自动绘图→编辑修改→图幅整饰→图形输出。

4.2.2 相关配套知识

1. 编码引导法作业流程

编码引导方式也称为"编码引导文件＋无码坐标数据文件自动绘图方式"。

（1）编辑引导文件

移动鼠标至绘图屏幕的顶部菜单，选择"编辑"的"编辑文本文件"项，该处以高亮度（深蓝）显示，按左键，屏幕命令区出现如图 4-6 所示的对话框。

图 4-6　编辑文本对话框

以 C:\CASS10.1\DEMO\WMSJ.YD 为例。

屏幕上将弹出记事本，这时根据野外作业草图，参考地物代码以及文件格式，编辑好此文件。编码文件编辑需要注意以下几点：

①每一行表示一个地物；

②每一行的第一项为地物的"地物代码"，以后各数据为构成该地物的各测点的点号（按连接顺序排列）；

③同行的数据之间用逗号分隔；

④表示地物代码的字母要大写；

⑤用户可根据自己的需要定制野外操作简码，通过更改 C:\CASS10.1\SYSTEM\JCODE.DEF 文件即可实现。

（2）定显示区

此步操作与点号定位法作业流程的"定显示区"的操作相同。

（3）编码引导

编码引导的作用是将"引导文件"与"无码的坐标数据文件"合并生成一个新的带简编码格式的坐标数据文件。这个新的带简编码格式的坐标数据文件在下一步"简码识别"操作时将要用到。

移动鼠标至绘图屏幕的最上方，选择"绘图处理"项，移动鼠标将光标移至"编码引导"项，选择该项，即出现如图 4-7 所示的对话框。输入编码引导文件名 C:\CASS10.1\DEMO\WMSJ.YD，或通过 WINDOWS 窗口操作找到此文件，然后用鼠标左键选择"确定"按钮。

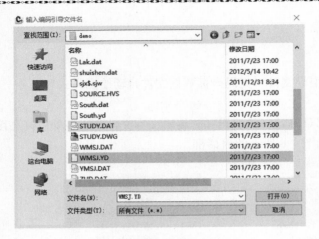

图 4-7　输入编码引导文件　　　　　　　　　　　　　　　编码引导

接着,屏幕出现图 4-8 所示的对话框。要求输入坐标数据文件名,此时输入 C:\CASS10.
1\DEMO\WMSJ. DAT。

这时,屏幕按照这两个文件自动生成图形,如图 4-9 所示。

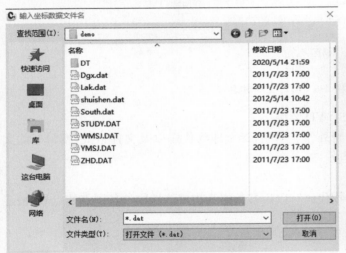

图 4-8　输入坐标数据文件

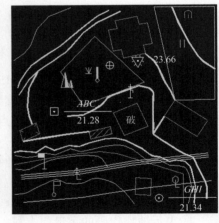

图 4-9　系统自动绘出图形

2.简码识别法作业流程

此种工作方式也称作"带简编码格式的坐标数据文件自动绘图方式",与草图法在野外测量时不同的是,每测一个地物点时都要在电子手簿或全站仪上输入地物点的简编码,简编码一般由一位字母和一或两位数字组成,用户可根据自己的需要通过 JCODE. DEF 文件定制野外操作简码。

（1）定显示区

此步操作与草图法中"测点点号"定位绘图方式作业流程的"定显示区"操作相同。

（2）简码识别

简码识别的作用是将带简编码格式的坐标数据文件转换成计算机能识别的程序内部码（又称绘图码）。

移动鼠标至"绘图处理"项,按左键,即可出现下拉菜单。

移动鼠标至"简码识别"项,该处以高亮度(深蓝)显示,按左键,即出现如图 4-10 所示的对话框。输入带简编码格式的坐标数据文件名(此处以 C:\CASS10.1\DEMO\YMSJ.DAT 为例),提示区显示"简码识别完毕!",同时在屏幕绘出平面图形。

图 4-10　选择简编码文件　　　　　　　　　　简码识别

 拓展知识

地形图符号使用方法与要求:

1. 图式中除特殊标注外,一般实线表示建筑物、构筑物的外轮廓与地面的交线(除桥梁、坝、水闸、架空管线外),虚线表示地下部分或架空部分在地面上的投影,点线表示地类范围线、地物分界线。

2. 依比例尺表示的地物分为以下几种表现形式:

(1)地物轮廓依比例尺表示,在其轮廓内加面色,如河流、湖泊等;或在其轮廓内适中位置配置不依比例尺符号和说明注记(或说明注记简注)作为说明,如水井、收费站等。

(2)面状分布的同一性质地物,在其范围内按整列式、散列式或相应式配置说明性符号和注记,如果界线明显的用地类界表示其范围(如经济林地等),界线不明显的不表示界线(如疏林地、盐碱地等)。

(3)相同地物毗连成群分布,其范围用地类界表示,在其范围内适中位置配置不依比例尺符号,如露天设备等。

3. 两地物相重叠或立体交叉时,按投影原则下层被上层遮盖的部分断开,上层保持完整。

4. 各种符号尺寸是按地形图内容为中等密度的图幅规定的。为了使地形图清晰易读,除允许符号交叉和结合表示外,各符号之间的间隔(包括轮廓线与所配置的不依比例尺符号之间的间隔)一般不应小于 0.3 mm。如果某些地区地物的密度过大,图上不能容纳时,允许将符号的尺寸略为缩小(缩小率不大于 0.8)或移动次要地物符号。双线表示的线状地物,其符号相距很近时,可采用共线表示。

5. 实地上有些建筑物、构筑物,图式中未规定符号,又不便归类表示时,可表示出该物体的轮廓图形或范围,并加注说明。地物轮廓图形线用 0.15 mm 的实线表示,地物分布范围线、地类界线用地类界符号表示。

6.本图式中土质和植被符号栏中,以点线框者,指示应以地类界符号表示实地范围线;以实线框者,指示不表示范围线,只在范围内配置符号。

7.符号旁的宽度、深度、比高等数字注记,一般标注至 0.1 m。各种数字说明,除特别说明外,凡为“大于”者含数字本身(如大于 3 m,含 3 m),“小于”者不含数字本身。各种符号等级说明中的“以上”和“以下”,其含意与上述相同。

 项目小结

本项目讲述了南方 CASS 测图系统的有码作业模式,重点学习了简码与信息码的对应表关系;野外操作码的定义方法;外业采集作业步骤;简码法作业流程等。

 复习思考题

1.简述南方 CASS 测图系统野外操作码的定义原则。
2.简述利用编码法外业采集作业步骤。
3.简述简码法作业流程。

项目5 无人机测图

项目描述

随着无人机飞控系统的完善和成熟，无人机已经在民用领域不断扩展应用范围，同时无人机技术已经逐渐渗透并深入融合到各个行业。无人机测绘技术是摄影测量与遥感的发展趋势之一，具有成本低、数据获取灵活、数据采集与处理快速等特点，这已经成为航测数据获取的一种重要方式和手段。在利用卫星和大飞机为航测平台的航空航天测量时，虽然能够获得符合要求的高分辨率影像，但是在某些地方受天气影响巨大，如多云、多雾天气影响数据获取。运用无人机航测平台的低空摄影能很好地发挥优势，避免不利因素，同时无人机摄影能够保持很好的现势性。因此，无人机技术在大比例地形测量中有很高的实用价值，具有很广泛的应用。常见的无人机测量平台分为固定翼无人机平台[图 5-1(a)]和多旋翼无人机[图 5-2(a)]。

（a）固定翼无人机　　　　　　　　　　　　（b）多旋翼无人机

图 5-1　无人机

学习目标

1. 知识目标

(1) 掌握无人机摄影测量项目设计的方法；

(2) 掌握无人机航线规划设计的方法；

(3) 掌握无人机飞行实施的方法；

(4) 掌握空三加密的方法；

(5) 掌握 DLG 生产的流程；

(6) 掌握 DLG 产品的编辑方法。

2. 能力目标

(1) 利用软件对测区进行航线规划；

(2)能够进行空三加密测量;

(3)能利用无人机影像制作 DLG。

3. 素质目标

(1)培养团队协作意识;

(2)培养安全意识与自我保护能力;

(3)培养规范意识。

 相关案例——某市 1∶1 000 无人机测图

受××股份有限公司的委托,××院对××区域进行 1∶1 000 地形图测绘。野外数据采集于 201×年 2 月 22 开始、3 月 12 日结束,室内成图于 3 月 15 日结束。

任务分成三块区域,根据设计的物流廊道设计方案设计飞行区域,采用无人机航测进行 1∶1 000 地形图作业。测区位于××市西南方向,为亚热带季风气候区,气候温和、雨量充沛、光照充足、无霜期长、四季分明。××国道至××测区基本呈带状分布,地形较为复杂,主要包含工业厂矿、农田及山区,测区内居民散落分布、交通便利。本次航测时间正处于长江流域梅雨季节,给航测工作带来一些不利影响。

1. 设备配置

硬件设备:

(1)RTK GNSS 设备。

(2)全数字摄影测量工作站。

(3)华鹃 P316 无人机。

软件设备:

(1)Pix4d 航测数据处理软件。

(2)地理信息系统软件 ARCGIS10.1。

(3)成图系统软件 CASS10.1。

2. Pix4D 软件简介

Pix4D 是一款集全自动、快速和专业精度为一体的无人机数据和航空影像处理软件,可转换数千张影像为对地定位的二维镶嵌图和三维模型。软件处理过程中,可根据用户不同的需求输出三维点云、三维模型、正射影像以及植被指数,同时可输出多种格式的数据成果,以满足不同专业软件的读取要求。

在行业应用方面,该软件可用于量测土方量、使用多光谱传感器生成精准农业 NDVI 指数、生成等高线和管理监测自然资源环境的变化、为建筑和文化遗产考古等生成可测量文档等,其数据处理流程如图 5-2 所示。

3. 准备数据

数据处理之前,需要准备好原始照片、POS 数据、坐标系统、中央经线、带号、像控点坐标以及相应的点之记等数据(图 5-3)。

4. 新建工程

新建一个项目,目的是为了把原始数据以及相关的信息导入到工程文件中。把原始照片、编辑好的 POS 数据添加到工程中,并选择好处理模板以及相应的坐标系统,工程新建完毕,在工程主界面中即可看到飞机飞行的轨迹图(图 5-4)。

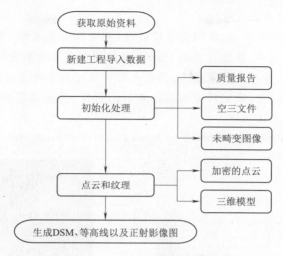

图 5-2 无人机测图数据处理流程图

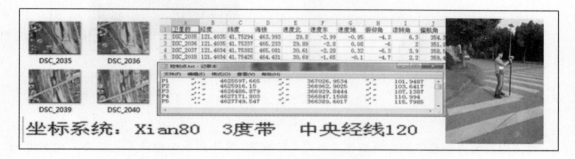

图 5-3 准备数据

图 5-4 飞行轨迹图

5. 运行初始化处理、点云及纹理

选择本地处理的1、2两步,软件则会自动处理,并生成质量报告、点云及纹理(图5-5)。

在第1步初始化处理中,系统将通过Pix4D的自动空中三角测量和平差数据来计算原始图像的真实位置和参数,并生成质量报告,另外也可自动生成未畸变影像。

在第2步点云及纹理中,系统将增加三维点云的密度,为后续添加像控点做准备,同时在对应的文件目录下生成点云文件。

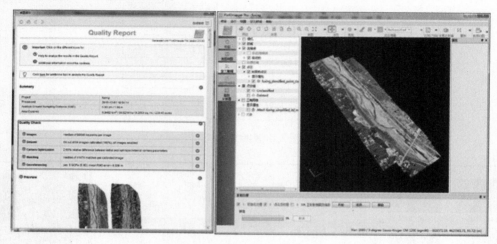

图5-5　质量报告、点云及纹理

6. 添加像控点

内业测图定向和数字微分纠正作业都需要控制点,另外内业加密计算也需要一定数量的控制点,而这些控制点正是由航测外业的像片控制测量提供的,所以说航测外业控制测量的目的就是为内业成图和加密提供一定数量的符合规范要求、精度较高的控制点。

航测内业的"纠正"或模型"绝对定向"对像片控制点的需求,实质就是用空间后方交会的方法求解像片的方位元素(空中三角测量),以确定像片、摄影中心、地面三者之间的相对关系,即确定摄像机或传感器的空间位置和姿态。

添加像控点时,首先根据"点之记"在点云图上找到像控点的大致位置,调整光标至精确位置,并在表格中输入像控点的名称、类型(三维控制点)和坐标,优化使用后该坐标点即添加完毕,具体情况如图5-6所示。

图5-6　添加像控点

7. 重新优化并生成质量报告

像控点全部添加完毕后，要对整个项目进行重新优化，即绝对定向的过程。优化完成可自动生成质量报告，查看像控点的误差是否满足精度要求。在自动生成的精度报告中，主要查看像控点误差一栏，出现 ⊘ 则表示像控点满足要求，如若出现"①"或"❸"，则表示像控点误差偏大，要重新调整点位，再进行重新优化并生成质量报告，如图 5-7 所示。

Quality Check		
⑦ Images	median of 88901 keypoints per image	⊘
⑦ Dataset	64 out of 64 images calibrated (100%), all images enabled	⊘
⑦ Camera Optimization	2.6% relative difference between initial and optimized internal camera parameters	⊘
⑦ Matching	median of 41512.2 matches per calibrated image	⊘
⑦ Georeferencing	yes, 5 GCPs (5 3D), mean RMS error = 0.048 m	⊘

图 5-7　质量报告

8. 生成正射影像、数字地表模型

正射影像（DOM）[图 5-8(a)]是对航空（或航天）相片进行数字微分纠正和镶嵌，按一定图幅范围裁剪生成的数字正射影像集。它是同时具有地图几何精度和影像特征的图像。

数字地表模型（DSM）[图 5-8(b)]是指包含了地表建筑物、桥梁和树木等高度的地面高程模型，是包含地表实际地物的三维模型。

经过重新优化后，本地处理的【点云及纹理】会被覆盖掉，在确认质量报告没有问题的情况下，勾选后两步，生成【点云及纹理】和【DSM，正射影像图及指数】，在附加输出中也可以选择输出等高线，处理完成后，在文件夹中会生成 tif 格式的 DSM 和 DOM 的文件。

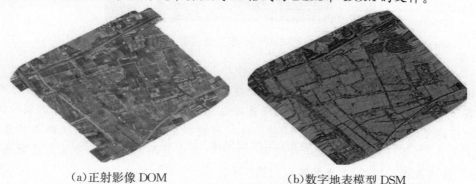

(a)正射影像 DOM　　　　　　　　　　(b)数字地表模型 DSM

图 5-8　模型影像图

9. 手动编辑、保存并导出镶嵌图

在镶嵌图编辑器中加载镶嵌图（即完成拼接的 DOM），查看有无"错位""拉花"或者"扭曲"现象，如若发现，则需利用【绘制】在平面投影下进行手动编辑镶嵌图（即修图）。编辑完成后，要对镶嵌图进行保存和导出，才可以查看到修整完毕的镶嵌图，同时系统会指出镶嵌图所在目录，如图 5-9 所示。

10. 三维建模

Pix4D 可利用倾斜摄影获得的影像，来进行三维实景建模。实景三维建模技术能够根据一组倾斜影像，自动生成高分辨率的、带有逼真纹理贴图的三维模型。如果倾斜像片带有坐标信息，那么模型的地理位置信息也是准确的。这种模型效果逼真、要素全面，而且具有较高的

测量精度,可用于测量学应用,是现实世界的真实还原。

图 5-9　手动编辑镶嵌图

　　导入倾斜影像后,选择合适的三维建模的模板及几何验证的匹配方式,软件运行处理完毕后,即可得到实景三维模型,如图 5-10 所示。

图 5-10　实景三维模型

11. 立体测图

　　双像立体测图,是指利用一个立体像对重建地面立体几何模型,并对该模型进行测量,直接给出符合规定比例尺的地形图,获取地理基础信息。根据空三成果进行立体测图时,首先用鼠标将光标调整到待测物体的高度。调整高度时可遵循先快速调高、再精确调高的原则。高度调整完成后,沿着待测地物边缘进行测图。测图时需要遵循先高后低、先主后次的原则。全部测完后,最终成图。图 5-11 为数字线划图(DLG)。

图 5-11　数字线划图(DLG)

任务 5.1　无人机航测外业

5.1.1　任务目标

通过学习本任务,掌握无人机测图的项目设计、航线规划设计、无人飞行实施、地面基础测量、像控点测量、像片调绘及地物补测的常见方法。

5.1.2　相关配套知识

1. 项目设计

(1)摄影比例尺及地面分辨率的选择

根据《低空数字航空摄影测量外业规范》(CH/Z 3004—2010),结合分区的地形条件、测图等高距等,考虑基高比、成本、效率、效果等因素,确定地面分辨率(GSD),具体可参考测图比例尺和地面分辨率对比表(表 5-1)。

表 5-1　测图比例尺和地面分辨率对比表

测图比例尺	地面分辨率(cm)
1 : 500	≤5
1 : 1 000	8~10
1 : 2 000	15~20

(2)航空摄影航高确定

数码航空摄影的地面分辨率(GSD)取决于飞行高度,如图 5-12 所示,有

$$h = \frac{f \times \text{GSD}}{a} \tag{5-1}$$

式中　h——飞行高度;

　　　f——镜头焦距;

　　　a——像元尺寸;

　　GSD——地面分辨率。

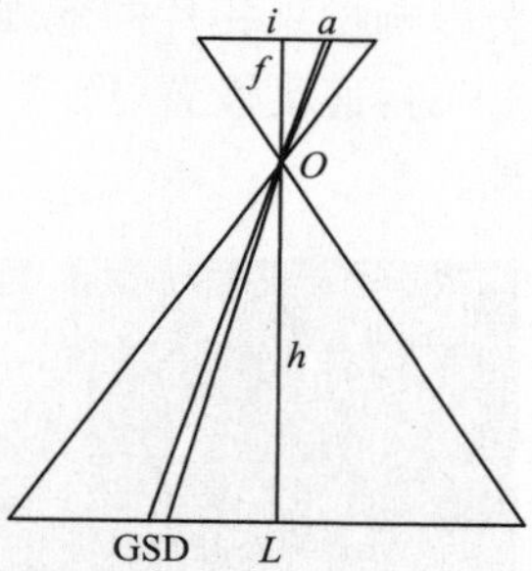

(3)设置像片重叠度

依据摄影测量相关规范,无人机航摄像片重叠度应满足以下

图 5-12　航高与地面分辨率关系

要求:航向重叠度在 60%~80%范围内,最小不得小于 53%;旁向重叠度在 15%~60%范围内,最小不得小于 8%。

(4)航摄分区及航线规划

根据规范,进行无人机航摄时需要根据地形起伏进行分区设计。无人机航线规划是无人机航摄前重要的准备工作。航线规划一般分为两步:一是飞行前预规划,根据既定任务,结合现场地形情况制定最优飞行线路;二是飞行过程中的重规划,主要针对飞行过程中遇到突发状况时局部重新规划飞行路线。

无人机航线规划应遵循以下原则:

①航线一般按东西向平行于图廓线直线飞行;

②曝光点应尽量采用数字高程模型依地形起伏点逐点设计;

③进行水域、海区摄影时,应尽量避免像主点落水。

当前多数无人机设备提供商均开发了相关航线规划软件,操作方便、快捷。下面以大疆航线规划软件 Rocky Capture 为例说明航线规划的简要过程。

(1)地图类型选择

Rocky Capture 可提供多种地图,如谷歌地图、高德地图、卫星图与普通地图供用户选择,方便用户在规划航线时,根据自己的实际需求进行相应的调整改变,具体如图 5-13 所示。

(2)航线规划流程

规划的流程(图 5-14)包括五个步骤:规划飞行区域边界、选择五个方向拍摄、跟进任务进度、设置飞行任务参数及起飞设置。

图 5-13　地图切换选择界面

图 5-14　航线规划流程

(3)设置飞行任务参数

航高设置(图 5-15):按照用户的需求调整航拍的飞行高度。同样面积的区域内,飞行高度会影响拍摄相片的地面分辨率、飞行时长、飞行路线长短、拍摄的相片数量。

飞行速度设置(图 5-16):按照实际情况选择合适的飞行速度。飞行速度会影响飞行的时长。

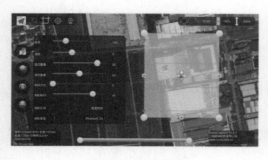

图 5-15　航高设置

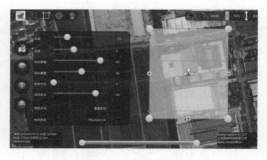

图 5-16　飞行速度设置

航向重叠设置:按照用户的需求调整航向重叠的大小。航向重叠度会影响相片拍摄数量的多少,重叠度越高、相片数量越多。

旁向重叠度设置(图 5-17):按照用户的需求调整旁向重叠的大小。旁向重叠度会影响相片拍摄数量、飞行路线长度、飞行时长。

航线方位度设置:按照用户的需求以及实际情况调整航线的方位情况。航线的方位会影响整体的相片拍摄数量、飞行路线、飞行路线长度、飞行时长。

相机俯仰角度设置:按照用户的需求以及实际情况调整倾斜拍摄时,可以选择相机拍摄时的俯仰角度。垂直向下拍摄像机角度为 0°。

相机方位的选择：按照用户的需求，选择航拍时无人机头方向是平行于航线还是垂直于航线。两者的不同会影响飞行路线长度、飞行时长、相片拍摄数量。

（4）起飞设置

点击飞行控制按钮，再点击出现的开始任务的子按钮，弹出设置框，设置任务完成后的无人机飞行指令和无人机与遥控器失去连接状态后的无人机飞行指令。

（5）飞行设置

任务完成后的无人机飞行指令包括：返航（返回起飞位置并降落）、悬停（在任务结束位置保持悬停状态）、终点降落（在任务结束位置降落）和回到起点（回到任务开始位置并悬停）四个动作（图 5-18）。

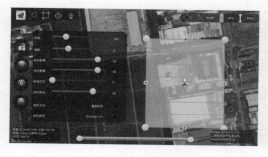

图 5-17　旁向重叠度设置　　　　　　图 5-18　飞行设置

2. 无人机航摄

（1）航摄时间确定

无人航摄时间及季节的选择应遵循以下原则：

①大气透明度好；

②光照充足；

③地表植被及其覆盖物对摄影成图影响最小；

④考虑到太阳高度角与阴影倍数，应尽量在正午前后 2 h 作业，摄区高度角与阴影倍数见表 5-2。

表 5-2　摄区高度角与阴影倍数

地形类别	太阳高度角（°）	阴影倍数
平地	≥20	＜3
丘陵地和一般城镇	≥25	＜2.1
山地和大、中城市	≥40	≤1.2

（2）场地条件及航摄实施

根据无人机类型和起降方式，寻找、选择适合的起降场地。首先起降场地要离军用、商用机场 10 km 以上，附近应无正在使用的雷达站、微波中继站、无线通信站等干扰源。对于旋翼无人机要求周边半径 100 m 范围内无高压电塔等强大干扰源，半径 50 m 范围内无超过 2 m 的树木、建筑物等障碍物，同时要求风力小于 4 级。无人机测图流程如图 5-19 所示。

（3）飞行质量检查

空中摄影的成果——航空像片是摄影测量的基本原始资料，其质量的优劣直接影响摄影测量过程的繁简、成图的工效和精度。因此，成图前需要对摄影的外业成果进行详细的质量检查。

①飞行质量检查

a.像片的重叠度是否满足设计要求,最小不低于60%;

b.像片倾斜角不大于12°,旋偏角不大于12°;

c.航高保持,同一航线航高差不大于30 m,实际航高与设计航高之差不大于20 m;

d.航线有无偏离;

e.摄区边界覆盖保证:航向覆盖超出摄区至少两条摄影基线,旁向覆盖超出边界至少一张图像(不少于像幅的50%)。

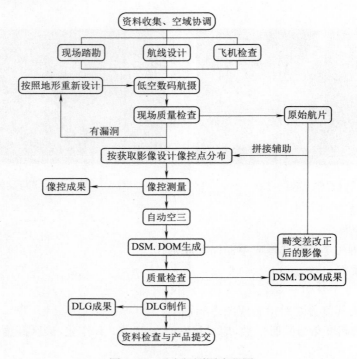

图 5-19　无人机测图流程图

②影像质量检查

a.影像清晰,层次丰富;

b.影像上无云、云影、大面积反光;

c.影像不能有漏洞;

d.像点位移不大于1个像素。

3.像控点测量

像控点是航空摄影空中三角测量的基础。无人机摄影测量外业像控点测量参照《低空数字航空摄影测量外业规范》(CH/Z 3004—2010)进行。像控点布设应满足如下要求。

(1)测区地标点,采用反差较大的两种标志相结合,由于GSD(地面分辨率)设计边长和中心标志,中心砸木桩,木桩高度与地面齐平(图5-20、图5-21)。中心区域内布设白色色标(如油漆),外扩区域采用有色色标(如黑塑料布)。

在城市和阴蔽地区布设地面标志点时,应注意点位的对空视角,选择开阔的地方布设。城市内道路上或院落内的地标采用白色油漆刷0.7 m×0.7 m边框,中心处刷0.3 m的白色标志。地标点埋设后用手持机采集 WGS-84 概略坐标,便于后期查找。

地面标志点布设完成后注意保存,航摄前再次检查各地标点是否完好,保证航摄后影像上有标识。

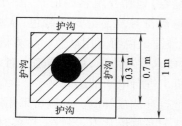

图 5-20　像控点地面标志尺寸

图 5-21　像控点地面标志

(2)当内业空中三角测量过程中发现个别地标点不满足要求时,外业需要补测像控点,像控点的点位要求如下:

①像控点应选择相关像片上影像清晰明显的地面地物点,接近正交的线状地物交点,如道路斑马线角、交叉口、水池角、花坛角等。不允许在楼房、围墙等高层建(构)筑物上和田埂上选点。

②弧形地物、阴影下、地面发生变化处、摄影死角、高程变化大的地方、内业量测不准等地方不得选做刺点目标。

③像控点整饰在电子影像上,刺点文字说明要简练明确,交代清楚点位和像片上周围相关地物的关系,刺点文字说明统一按像片字头为上,如图 5-22 所示。

像控点(地标点)应统一进行编号,且按设计点号编号。像控点的平面坐标测量可采用单基准站 RTK 测量,也可采用附合导线(或导线网)、极坐标法(引点法)等常规测量方法。

RTK 测量卫星的状况应符合表 5-3、表 5-4 的规定。

图 5-22　像控点文字说明

表 5-3　RTK 测量条件要求

观测窗口状况	截止高度角 15° 以上的卫星个数	PDOP 值
良好	≥6	<4
可用	5	≥4 且≤6
不可用	<5	>6

表 5-4　单基站 RTK 平面测量精度要求

平面位置中误差(cm)	边长相对中误差	与基准站的距离(km)	观测次数	起算点等级
≤±5	≤1/4 000	≤6	≥2	D 级以上

像控点的高程测量,可采用五等水准、光电测距三角高程等常规测量方法,也可采用单基站 RTK 测量像控点的高程。

4.野外像片调绘及地物补测

像片调绘是以像片判读为基础,把航摄像片上的影像所代表的地物识别出来,并按照规定图式符号和注记方式表达在航测像片上。目前大多采用先室内判绘,再野外检查补绘的方法来完成。

全野外调绘采用黑色、绿色、棕色、蓝色、红色五色清绘,地物及地名注记时,图号注记、调绘者、检查者签名用黑色;自然地貌及注记等用棕色;植被符号及注记等用绿色;水域面积普染、水渠及注记等用蓝色;地类界、范围线、简化符号、图外注记说明等用红色。计算机清绘法:外业调绘采用铅笔或碳素笔在调绘片上进行各种注记,要求字迹清晰、数据准确。对每天完成的野外调绘数据,回到室内按照图式规定符号,在计算机上进行电子清绘。

对影像不清、高层建筑物掩盖及阴影内的地物,需进行补调或补测。补调可采用明显地物点为起始点的距离交会法、截距法等方法,直接将数据注记在调绘片上,当数据较多时,也可放大绘在备用的纸张上。当阴影内地物或新增地物补调困难时,应采用全站仪进行补测。像片有影像而实地已不存在或已拆除的地物,应在原影像上用红色"×"注记表示。

无人机测量——无人机结构和系统　　　　　　无人机测图总体流程

新增地物或原有地貌被破坏,高程发生较大变化(大于基本等高距)时,采用 GNSS RTK 作业方式或全站仪数字测图方法进行补测,并提供经过编辑的 AutoCAD(DWG)格式图和碎部点的三维坐标。

对于影像模糊地物、被影像或阴影遮盖的地物、航摄时的水淹或云影地段、不满幅的自由图边应采用 GNSS RTK 作业方式、全野外数字测图、交会法或截距法等方法进行补测、量注。

任务 5.2　DLG 生产

5.2.1　任务目标

通过学习本任务,了解内定向、相对定向、绝对定向和区域网平差计算、区域网接边基本原理,掌握利用软件进行 DLG(数字线划图)的立体采集及编辑常见方法。

5.2.2　相关配套知识

1.空中三角测量

依据少量野外控制点的地面坐标和相应的像点坐标,根据像点坐标与地面点坐标的三点共线关系按最小二乘原理,求出每张影像的外方位元素及任一像点所对应地面点的坐标。这就是解析空中三角测量,也称为空三加密。

常用的无人机空中三角测量方法有光束法区域网空中三角测量、GNSS 辅助空中三角测量及无人机 POS 辅助空中三角测量。空中三角测量的作业过程包括准备工作、内定向、相对定向、绝对定向和区域网平差计算、区域网接边、质量检查、成果整理与提交等环节。

　　光束法区域空中三角测量是以一幅影像所组成的一束光线作为平差的基本单元,以中心投影的共线方程作为平差的基础方程。通过各个光线束在空间的旋转和平移,使模型之间公共点的光线实现最佳地交会,并使整个区域纳入到已知控制点坐标系统中。

　　GNSS 辅助空中三角测量是利用装在飞机和设在地面的一个或多个基准站上的至少两台GNSS 信号接收机同时连续观测 GNSS 卫星信号获取航摄仪曝光时刻摄站的三维坐标,然后将其视为附加观测值引入摄影测量区域网平差中,经采用统一的数学模型和算法整体确定点位,并对其质量进行评定的理论、技术和方法。

　　将 POS 系统和航摄仪集成在一起,利用 GNSS 获取航摄仪的位置参数及惯性测量装置(IMU)测定航摄仪的姿态参数,最后通过后处理软件可获得测图所需的每张像片的 6 个外方位元素。

　　2. 数字线划图制作

　　数字线划图(DLG)是以点、线、面形式或特定图形符号形式表达地形要素的地理信息矢量数据集。采用全数字摄影测量系统获取矢量数据,再利用 CASS10.1、ARCGIS 等软件依据外业调绘片进行矢量数据的编辑、属性录入、拓扑关系的处理等生产 DLG 建库数据和制图数据(符号化数据)。DLG 内业采集包括在立体模型上的立体采集、在正射影像图或真正射影像图上的二维矢量化平面采集。在立体模型上的立体采集作业流程如图 5-23 所示。

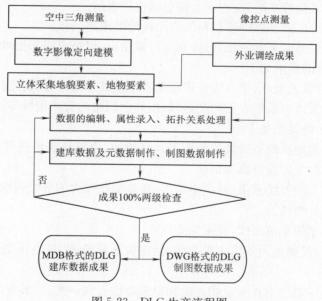

图 5-23　DLG 生产流程图

　　数据采集以图幅为单位、以外业调绘片为依据,在立体模型上对地物、地貌要素按规定的图层和符号进行全要素采集。采集时应满足如下要求:

　　(1)数据采集按内业立体模型定位、外业定性的原则进行采集。数据采集时应保证数据的完整性、正确性,不应遗漏、移位。

　　(2)对于由树冠遮盖等造成的立体影像上看不见的地物、地貌要素需作出标记,由外业人员去实地进行补测。

　　(3)数据采集时要立体切准地物轮廓的外缘和定位点。依比例尺表示的地物要测外轮廓线或外边线,不依比例尺表示的地物要测定位点、定位线。

　　(4)数据采集按水系要素、居民地要素、交通要素、工矿要素、管线要素、地貌土质要素、植被要素依次进行。

水系的采集应满足的要求如下,其图式符号如图 5-24 所示:

(1)河流、湖泊、运河、水库、水渠、水塘均以摄影时的水位采集,当水涯线与陡坎线在图上水平投影间距小于 1 mm 时,以陡坎符号表示,当岸边线与水涯线在图上水平投影间距大于 1 mm 并有斜坡时,以斜坡线表示,水涯线以实线绘出。

(2)水渠、池塘等水涯线以上应采集边缘线。

(3)有岸堤的沟渠应测注堤顶高程。

居民地及其设施采集应满足的要求如下,其图式符号如图 5-25 所示:

(1)街区轮廓采集时,应立体切准轮廓拐角。

(2)房屋应按调绘片采集;房屋均以房顶最外边沿轮廓线为准采集,有房檐的按外业调绘数据对其进行房檐改正。

(3)独立地物采集其底部的几何中心。

(4)围墙、栅栏、篱笆等垣栅采集其根部位置。

(5)门、门墩、各类支柱、路灯均采集其根部位置。

交通的采集应满足的要求如下,其图式符号如图 5-26 所示:

(1)道路采集要求位置准确,应按真实路边线位置表示。

(2)公园、机关、厂矿内部有铺装材料的道路按内部道路采集。

(3)道路通过居民地时不宜中断,应按真实位置绘出,但是道路采集时应注意路网的构成。

管线采集应满足的要求如下:

(1)电力线、通信线的电杆、架等应按实地位置采集其根部中心,要逐杆采集。

(2)成排的密集管线可采集外围两个边线,按外业调绘的管线根数等距内插表示。

地貌采集应满足的要求如下:

(1)等高线应真实地反映各种地貌的形态及其特征,用符号表示各种地貌要素,在图上的位置、形状、大小、方向等应符合真实情况。

(2)等高线原则上应连续采集,对图中坡度、高差变化较大的等倾斜地段,在无法表示首曲线的情况下,只采集计曲线。

(3)密集居民区不采集等高线,只采集高程点。

(4)露天采掘场、乱掘地内不采集等高线,但应表示其范围,适当采集相应的符号,并采集高程点。

(5)高程注记点一般应选在明显的地物和地形特征点和一类、二类方位物上。例如道路交叉口、桥面、独立地物电杆、水塔、烟囱、庭院空地上等。采集高程时应参照外业高程点数据,把外业采集的高程点数据展绘到图中。

(6)铁路、公路、简易公路、大车路和城区主要的街道中心,在图上每隔 5~10 cm 应注记高程点。在道路交叉口和转换处,以及地形明显变换处也应注记高程点。铁路高程应测注记在轨道上,转弯处注记在内轨上。

(7)高程注记点的密度要求:一般地区图上每平方分米内 8~15 个点,建筑密集区和地物稀少的平坦区、鱼塘等水网区图上每平方分米内 6~8 个点。当遇到大面积的高杆农作物(如玉米、葵花等)时,可适当放宽高程注记点的间距。

植被与土质采集应满足的要求如下,其图式符号如图 5-27 所示:

(1)所有植被范围边界在测图时均以地类界或辅助线表示。

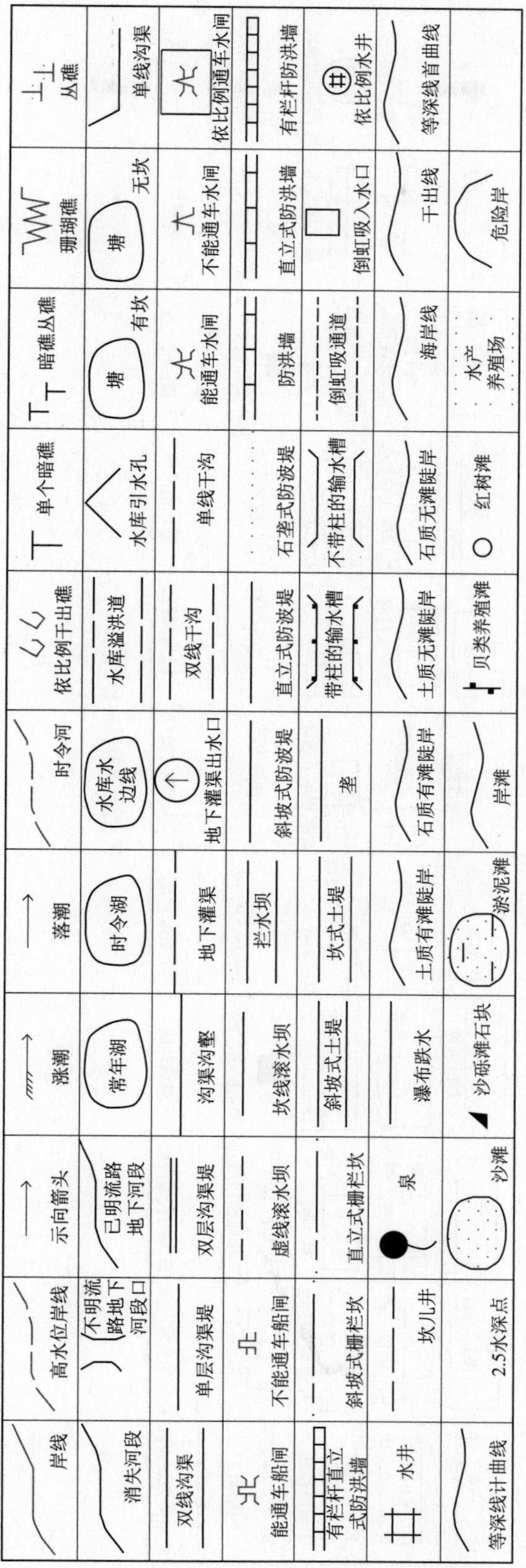

岸线	高水位岸线	示意箭头	涨潮	落潮	时令河	依比例干出礁	单个暗礁	暗礁丛礁	珊瑚礁	丛礁
消失河段	不明流路地下河段口	已明流路地下河段	常年湖	时令湖	水库水边线	水库溢洪道	水库引水孔	塘　有坎	塘　无坎	单线沟渠
双线沟渠	单层沟渠堤	双层沟渠堤	沟渠滚水坝	地下灌渠	地下灌渠出水口	双线干沟	单线干沟	能通车水闸	不能通车水闸	依比例通车水闸
能通车船闸	不能通车船闸	虚线滚水坝	斜坡式土堤	拦水坝	斜坡式防波堤	直立式防波堤	石垄式防波堤	防洪墙	直立式防洪墙	有栏杆防洪墙
有栏杆直立式防洪墙	斜坡式栅栏坎	直立式栅栏坎	坎式土堤	垄	带柱的输水槽	不带柱的输水槽	倒虹吸通道	倒虹吸入水口	依比例水井
水井	坎儿井	泉	瀑布跌水	土质有滩陡岸	土质无滩陡岸	石质有滩陡岸	石质无滩陡岸	红树滩	
等深线设计曲线	2.5 水深点	沙滩	沙砾滩石块	淤泥滩	岸滩	贝类养殖滩	水产养殖场	等深线首曲线	危险岸	干出线	海岸线

图 5-24　水系地形图图式

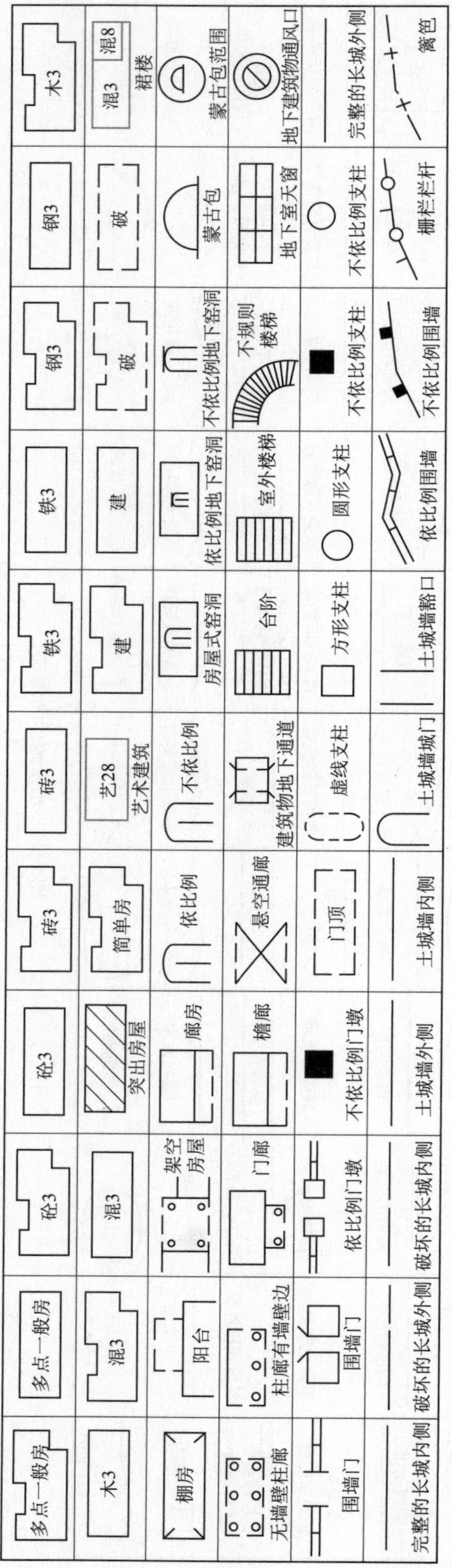

多点一般房	木3	棚房	无墙壁柱廊	围墙门	完整的长城内侧
多点一般房	混3	阳台	柱廊有墙壁边	围墙门	破坏的长城外侧
砼3	混3	架空房屋	门廊	依比例门墩	破坏的长城内侧
砼3	突出房屋	廊房	檐廊	不依比例门墩	土城墙外侧
砖3	简单房	依比例 悬空通廊	门顶		土城墙内侧
砖3	艺28 艺术建筑	不依比例 建筑物地下通道		虚线支柱	土城墙城门
铁3	建	房屋式窨洞	台阶	方形支柱	土城墙豁口
铁3	建	依比例地下窨洞	室外楼梯	圆形支柱	依比例围墙
钢3	破	不依比例地下窨洞	不规则楼梯	不依比例支柱	不依比例围墙
钢3	破	蒙古包	地下室天窗	不依比例支柱	棚栏栏杆
木3	混8 / 混3 裙楼	蒙古包范围	地下建筑物通风口	完整的长城外侧	篱笆

图 5-25 居民地及附属地形图图式

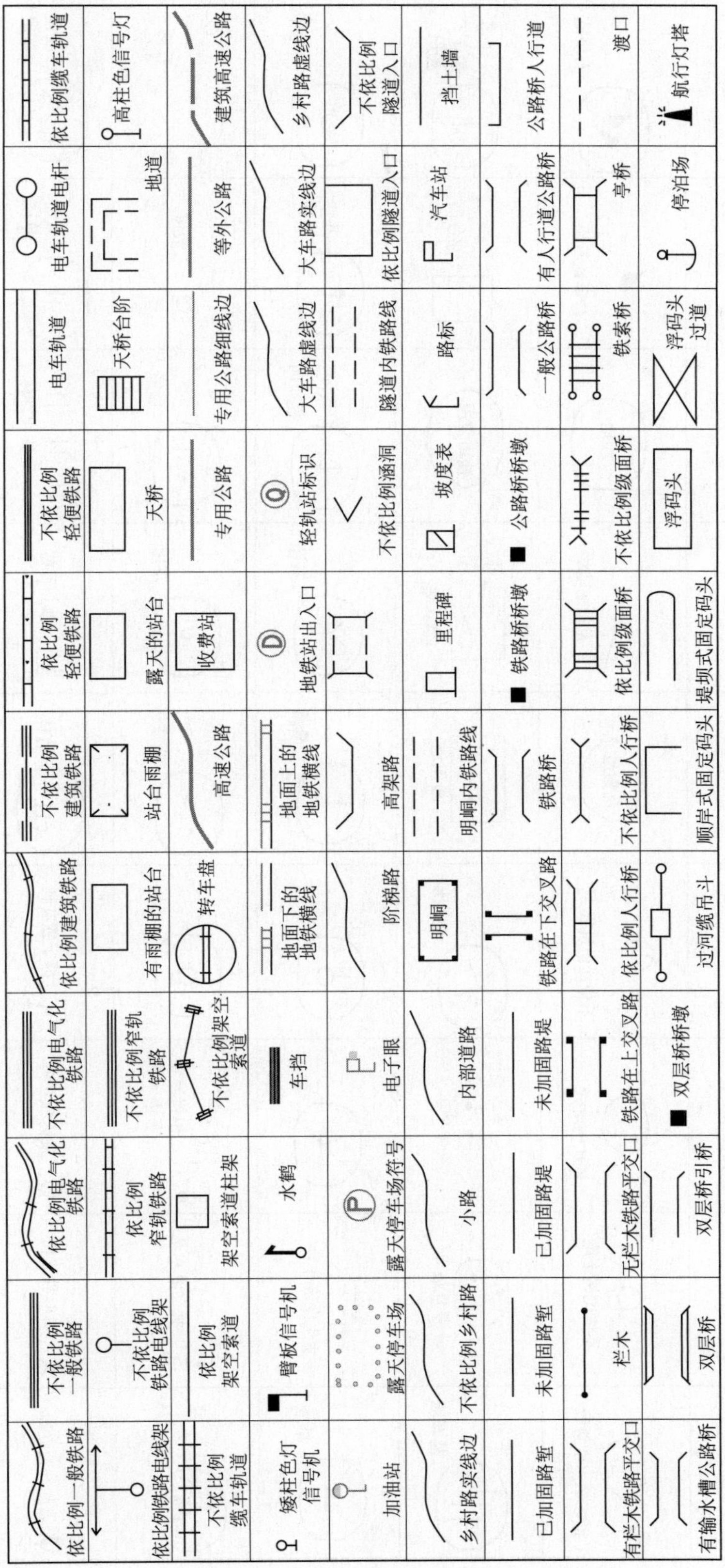

依比例一般铁路	不依比例一般铁路	依比例电气化铁路	依比例建筑铁路	依比例建筑铁路	依比例轻便铁路	不依比例轻便铁路	电车轨道	电车轨道电杆	依比例缆车轨道
依比例铁路电线架	不依比例铁路电线架	不依比例电气化铁路	不依比例建筑铁路	露天的站台	露天的站台	天桥	天桥台阶	地道	高柱色信号灯
不依比例缆车轨道	依比例架空索道	不依比例窄轨铁路	站台雨棚	收费站	专用公路	专用公路细路线边	建筑高速公路		
矮柱色信号机	架空索道柱号	露天停车场	转车盘	高速公路	地面上的地铁横线	地铁站出入口	轻轨站标识	大车路实线边	乡村路曲线边
加油站	水鹤	电子眼	明峒内铁路线	里程碑	坡度表	隧道内铁路线	路标	大车路曲线路边	不依比例隧道入口
乡村路实线边	露天停车场符号	内部道路	阶梯路	高架路	明峒	轻轨站标识	一般公路细路线	汽车站	大车路实线入口
已加固路堑	小路	未加固路堤	铁路在下交叉路	地面下的地铁横线	铁索桥	公路桥桥墩	一般公路公路桥	有人行道公路桥	挡土墙
已加固路堤	不依比例乡村路	未加固路堑	铁路在上交叉路	不依比例人行桥	不依比例级面桥	铁索桥	不依比例级面桥	亭桥	不依比例隧道入口
已加固路堑	栏木	双层桥墩	铁路平交口	顺岸式固定码头	堤坝式固定码头	浮码头过道	浮码头	停泊场	公路桥人行道
有栏木铁路平交口	双层桥	双层桥引桥	无栏木铁路平交口	过河缆吊斗	浮码头	铁索桥	路标	航行灯塔	渡口
有输水槽公路桥									

图 5-26　交通地形图图式

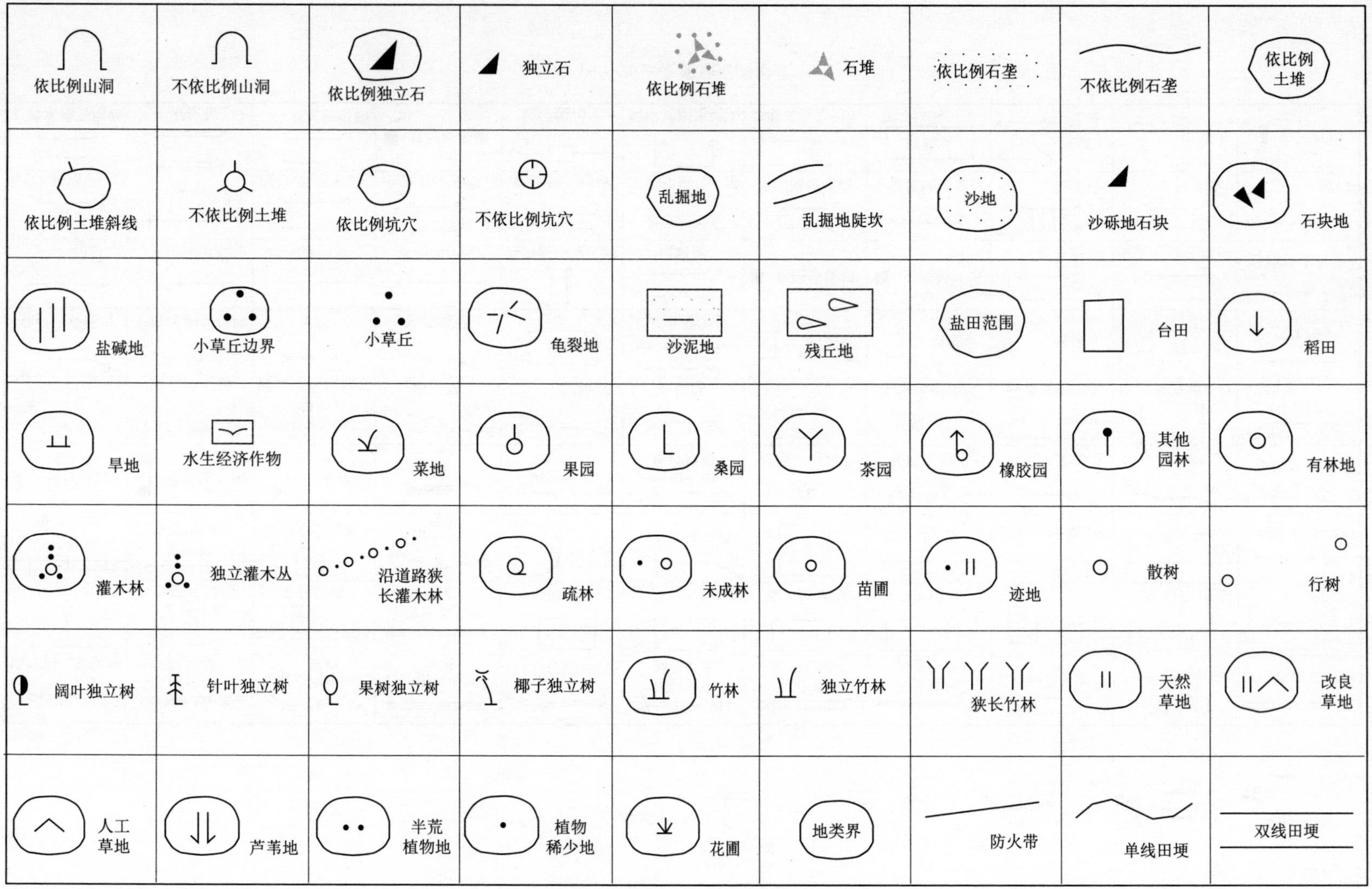

图 5-27　植被与土质地形图图式

（2）沿道路、沟渠、土堤水塘等成行排列的树木，以行树符号表示。

（3）当地类界与地面上有实物的线状符号（如道路、陡坎）重合时，或接近平行且间隔小于图上 2 mm 时，地类界省略。

（4）有植被覆盖的地表，当只能沿植被表面描绘时，应补充植被改正。在树木密集隐蔽地区，应依据野外高程点和立体模型进行测绘。

（5）土堆、坑穴、陡坎等应测注比高。当土堆、坑穴、陡坎较多连成片时，可择要测注高程或比高。

 项目小结

本项目讲述了无人机测图的基本方法，重点学习了航线规划、空三加密测量、利用无人机影像制作 DLG 等。

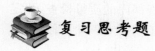 复习思考题

1.简述无人机测图的整体流程。

2.简述无人机测图航线规划注意事项。

3.简述利用无人机影像制作 DLG 的步骤。

项目6　数字测图产品的检查验收

 项目描述

　　测绘成果质量是项目成功的基础。测绘项目进入检查验收阶段时,检查一般可分为三部分:一是对测绘生产单位各级检查工作的检查;二是直接对测绘成果按照相应比例进行抽查;三是督促生产单位对存在质量问题的成果进行修改完善。测绘生产单位必须建立内部质量审核制度。经室、车间过程检查的测绘成果,必须通过生产单位质量检查部门的质量检查,评定质量等级,编写最终质量检查报告。数字测图产品的检查验收分为检查和验收两个阶段,其中检查又分为过程检查和最终检查。

　　在测绘实施阶段进行技术总结是指对测量工作进行全方位的总结,列举测量方法,得出测量成果,分析测量过程中存在的问题及解决措施。对数字测图产品进行检查验收是数字测图不可或缺的一道工序,检查验收就是对前面工作得出的数字地形图进行质量评价,是保证测图产品满足国家规范和用户需求的重要保证。

 学习目标

　　1. 知识目标

　　(1)掌握大比例尺测图产品过程检查的方法;

　　(2)掌握大比例尺测图产品最终检查的方法;

　　(3)掌握大比例尺测图产品验收的方法;

　　(4)掌握大比例尺测图产品等级评定的方法;

　　(5)掌握撰写大比例尺测图技术总结的方法。

　　2. 能力目标

　　(1)能开展数字产品的检查验收;

　　(2)能进行测绘产品的质量评定;

　　(3)能撰写大比例尺测图技术总结。

　　3. 素质目标

　　(1)培养团队协作精神;

　　(2)诚实守信、爱岗敬业的职业素养。

　　(3)培养质量意识。

相关案例——某项目测绘成果最终检验报告

编号：

测绘成果质量

检 验 报 告

成果名称：
生产单位 ：
检查单位（盖章）

年　月　日

成　果	名　称	
	比例尺	
	生产单位	

报告撰写人(签名):　　　　　　　　　　　年　月　日

检查部门结论:

　　经检查,××地形测绘成果采用的技术标准正确;地形地物表示正确,图面表示合理;数学精度满足相关规范中相应条款的要求;数据质量良好。根据《测绘成果质量检查与验收》(GB/T 24356—2009),判定该成果质量为合格。

　　　　职务:　　　　签章:　　　　　　年　月　日

技术负责人意见:

　　　　职务:　　　　签章:　　　　　　年　月　日

行政领导意见:

　　　　职务:　　　　签章:　　　　　　年　月　日

备注:

　　1.检查工作概况

　　××单位于 201×年 6 月 20 日—25 日对××地形测绘成果进行了检查。

　　(1)检查人员情况:高级工程师 3 名,工程师 2 名。

　　(2)检查使用的设备:

　　①Trimble R8 GNSS GPS 接收机 1 台(仪器号:5152479613;检定有效期 201×年 05 月 22 日—201×年 03 月 21 日)。

　　②徕卡 TC1102 全站仪 1 台(仪器号:620916;检定有效期 201×年 05 月 05 日—201×年 05 月 04 日)。

　　(3)检查使用的软件:

　　AUTOCAD2010、G2010 基础地理信息采集系统软件。

　　2.受检成果概况

　　概述:作业单位于 201×年 2 月—201×年 3 月完成了地形测绘任务,此项目投入工作人员 12 人,全站仪、GPS 等设备 8 台(套)。

平面坐标系统:采用 CGCS2000 坐标系。高程系统:2008 年高程。

3.检查依据

(1)《城市测量规范》(CJJ/T 8—2011)

(2)《国家基本比例尺地形图图式 第一部分:1∶500 1∶1 000 1∶2 000 地形图图式》(GB/T 20257.1—2017)

(3)《测绘成果质量检查与验收》(GB/T 24356—2009)

4.抽样情况

(1)内业检查

对图面及数据质量进行 100% 内业检查。

(2)外业检查

对上交的 20% 进行外业检查。

5.检查内容及方法

(1)检查内容

①检查图式的正确性、各地物要素相互关系的合理性。

②各项精度指标的符合性。

③检查图式的正确性、各要素相互关系的合理性。

④数据的完整性、规范性、逻辑一致性等。

(2)检查方法

通过外业巡视检查地形图的现势性。

6.主要质量问题及处理

(1)排水连接错误 2 处。

(2)进院污水支管 1 段未表示。

(3)部分电信管线电缆或光缆条数错误。

(4)个别管线材质错误。

以上内外业问题均由作业单位改正并复查完毕。

7. 质量统计及质量综述

(1)质量统计

地形图测量平面中误差为 ±9.441 cm,符合不大于 ±25 cm 的规定;超限差 50 cm 的比例为 0%,符合不大于 5% 的规定。

(2)质量综述

经对××地形测绘成果的检查,可知其采用的技术标准正确;地形地物表示正确,图面表示合理;数学精度满足相关技术文件对应条款的要求;数据质量良好。

检查验收
工作的实施

任务 6.1　数字测图成果检查验收方法

6.1.1　任务目标

通过学习本任务,可掌握对数字地形图进行过程检查,采取逐单位成果详查的方法,分别从文件名及数据格式检查、数学基础的检查、平面和高程精度的检查、接边精度的检测、属性精度的检测、逻辑一致性检测、完备性及现势性的检测、整饰质量检查、附件质量检查九个方面入手开展检查工作,为最终检查提供数据支撑。

6.1.2　相关配套知识

1. 二级检查一级验收制度

测绘成果检查验收通过二级检查一级验收制来实现,即过程检查、最终检查和验收制度。过程检查由作业单位质检人员承担,最终检查由生产单位专门的质检部门实施。验收由项目管理单位组织验收或委托具有资质的质量检验机构进行验收。

测绘生产单位负责过程检查和最终检查。过程检查采用全数检查,最终检查一般采用全数检查,涉及野外检查项的可采用抽样检查(样本量见表 6-1)。过程检查应逐单位成果详查,检查出的问题、错误要记录在检查记录中,并让相关部门对照问题和错误进行修正。对于检查出的错误修改后应进行复查,直至最后一次检查无误后,方可提交最终检查。过程检查不作为单位成果质量评定,其目的是预防和及时消除数字测绘产品各生产过程中不合格品的发生。一旦发现问题应及时合理地处置,确保数字测图成果的质量。

验收一般采用抽样检查(样本量见表 6-1)。质检机构应对样本进行详查,必要时可对样本以外的单位成果的重要检查项进行概查。各级检查验收工作应独立、按顺序进行、不得省略或代替。

表 6-1　批量与样本量对照表

批量	样本量
≤20	3
21~40	5
41~60	7
61~80	9
81~100	10
101~120	11
121~140	12
141~160	13
161~180	14
181~200	15
≥201	分批次提交,批次数应最小,各批次的批量应均匀

注:当批量小于或等于3时,样本量等于批量,为全数检查。

2. 检查、验收的依据、内容及方法

测绘产品检查、验收的依据包括:测绘任务书、合同书或委托检查验收文件;有关法规和技术标准;技术设计和有关技术规定等。检查验收过程中提交的成果资料必须齐全,凡资料不全或数据不完整者,检查或验收单位有权拒绝检查验收。提交成果:项目设计书、技术设计书、技术总结等;数据文件,包括图廓内外整饰信息文件、元数据文件等;图形或影像输出检查图。提交验收时,还应包括检查报告。

(1)数字地形图质量元素

数字测图成果的质量是通过若干质量元素或子元素来描述的。数字测绘成果种类不同,

其质量元素组成也不同。数字地形图质量元素见表 6-2。

表 6-2　数字地形图质量元素

数字地形图质量元素	数字地形图质量子元素	数字地形图质量元素	数字地形图质量子元素
空间参考系	大地基准	时间准确度	数据更新
	高程基准		数据采集
	地图投影	元数据质量	元数据完整性
位置精度	平面精度		元数据准确性
	高程精度	表征质量	几何表达
属性精度	分类正确性		符号正确性
	属性正确性		地理表达
完整性	要素完整性		注记正确性
逻辑一致性	概念一致性		图廓整饰准确性
	格式一致性	附件质量	图历簿质量
	拓扑一致性		附属文档质量

（2）数学基础的检查

①检查采纳的空间定位系统正确性；

②将图廓点、首末公里网、经纬网交点、控制点等的坐标按检索条件在屏幕上显示，并与理论值和控制点的已知坐标值核对。

（3）平面和高程精度的检查

①选择检测点的一般规定

数字地形图平面检测点应是均匀分布、随机选取的明显地物点。平面和高程检测点的数量视地物复杂程度、比例尺等具体情况确定，每幅图一般各选取 20～50 个点。

②检测方法

a. 野外测量采集数据的数字地形图，当比例尺大于 1∶5 000 时，检测点的平面坐标和高程采用外业散点法按测站点精度施测。用钢尺或测距仪量测相邻地物点间距离时，量测边数 t 每幅一般不少于 20 处；

b. 摄影测量采集数据的数字地形图应按成图比例尺选择不同的检测方法。比例尺大于 1∶5 000 时，检测点的平面坐标和高程采用外业散点法按测站点精度施测，若用内业加密能达到控制点平面与高程精度，也可用加密点来检测，而不必进行外业检测；比例尺小于 1∶5 000（包括 1∶5 000）且有不低于成图精度的控制资料时，可采用内业加密保密点的方法检测，也用高精度资料进行对照或高精度仪器进行检测；

c. 手扶跟踪数字化仪采集的数字地形图，其平面精度的检测可将数字地形图由绘图机回放到薄膜上，并按图廓点、公里网与数字化原图套合后，量测被检测的点状目标和线状目标位移误差，分别统计、计算两种目标的位移中误差；

d. 扫描生成的数字地形图，其平面精度利用计算机在屏幕上套合检查；

e. 两种情况高程精度的检测是对照数字化原图检查高程点和等高线高程赋值的正确性。

③检查数据的处理

分析检测数据，检查各项误差是否符合正态分布。检查点平面中误差按式（6-1）计算

$$\begin{cases} M_x = \pm\sqrt{\dfrac{\sum\limits_{i=1}^{n}(X_i - x_i)^2}{n-1}} \\[4mm] M_y = \pm\sqrt{\dfrac{\sum\limits_{i=1}^{n}(Y_i - y_i)^2}{n-1}} \end{cases} \tag{6-1}$$

式中　　M_x——坐标 X 的中误差；

　　　　M_y——坐标 Y 的中误差；

　　X_i , Y_i——检测坐标值；

　　x_i , y_i——图上坐标值；

　　　　n——检测点数。

高程中误差按式(6-2)计算

$$M_h = \pm\sqrt{\dfrac{\sum\limits_{i=1}^{n}(H_i - h_i)^2}{n-1}} \tag{6-2}$$

式中　　M_h——高程中误差；

　　　　H_i——实测高程；

　　　　h_i——数字地形图上相应内插点高程；

　　　　n——检测点数。

(4)接边精度的检测

通过量取两相邻图幅接边处要素端点的距离 Δd 是否等于 0，从而检查接边精度，未连接的记录其偏差值；检查接边要素几何上自然连接的情况，避免生硬，检查面域属性、线划属性的一致情况，记录属性不一致的要素实体个数。

(5)属性精度的检测

①检查各个层的名称是否正确、是否有漏层；

②逐层检查各属性表中的属性项类型、长度、顺序等是否正确，有无遗漏；

③按照地理实体的分类、分级等语义属性检索，在屏幕上将检测要素逐一显示或绘出，将全要素图(或分要素图)与地图要素分类代码表,和数字化原图对照，目视检查各要素分层、代码、属性值是否正确或遗漏；

④检查公共边的属性值是否正确；

⑤对照调绘片、原图等检查注记的正确性。

(6)逻辑一致性检测

①用相应软件检查各层是否建立了拓扑关系及拓扑关系的正确性；

②检查各层是否有重复的要素；

③检查有向符号、有向线状要素的方向是否正确；

④检查多边形的闭合情况，标识码是否正确；

⑤检查线状要素的结点匹配情况；

⑥检查各要素的关系表示是否合理，有无地理适应性矛盾，是否能正确反映各要素的分布特点和密度特征；

⑦检查双线表示的要素(如双线铁路、公路)是否沿中心线数字化；

⑧检查水系、道路等要素数字化是否连续。

对于用于制作地图的数字产品,其⑤与⑥中的检测项可根据需要做相应调整。

(7)完备性及现势性的检测

①检查数据源生产日期是否满足要求,检查数据采集时是否使用了最新的资料;

②利用调绘片、原图、回放图,必要时通过立体模型观察检查各要素及注记是否有遗漏。

(8)整饰质量检查

对于地图制图产品,应检查以下内容:

①检查各要素符号是否正确,尺寸是否符合图式规定;

②检查图形线是否连续光滑、清晰,粗细是否符合规定;

③检查各要素关系是否合理,是否有重叠、压盖现象;

④检查各名称注记是否正确、位置是否合理、指向是否明确,字体、字大、字向是否符合规定;

⑤检查注记是否压盖重要地物或点状符号;

⑥检查图面配置、图廓内外整饰是否符合规定。

检查验收的依据   质量检查验收的标准

(9)附件质量检查

①检查所上交的文档资料填写是否正确、完整;

②逐项检查元数据文件内容是否正确、完整。

3.检查过程的注意事项

判定为合格产品时,应对存在的问题由作业人员进行修改,作好检查质量记录,明确结论并签名予以标识;并向相关管理部门提出测绘产品最终检查申请。当发现不合格品时,按不合格品的控制程序进行评价、评审及处置,并作好检验质量记录,产品不予签名,并隔离存放。

 拓展知识

野外数据检查的难点分析

野外检查时需将图纸与实地进行比较,进行现场踏勘和设站检查点位精度。在野外设站采集检查数据,然后与地形测图成果进行对比分析,其中统计数学精度是检查验收的重要内容之一。将检查数据导入计算机并附着到地形图上,逐点地进行误差量测并记录,最后进行点位误差分析、精度统计。提取野外检查点对应的地形图上点位数据,再进行野外检查数据与提取地形图数据的自动计算、分析比较、统计制表,是相对简单有效的精度检查方法。一般情况下,在过程检查中,控制测量观测、平差计算资料、点位说明等应100%的检查;各类控制点的埋石、点位说明实地检查不小于20%;大比例尺成图室内外100%检查;中、小比例尺成图室内全面检查,实地检查每幅图面不少于30%。检查出的问题、错误,以及复查的结果应在检查记录中记录,填写检查记录表。如:填写"地物点间距误差测定记录表""地物点高程误差检查统计表""地物点平面误差检查统计表"等,或地图数字化采用计算机屏幕对照和回放图套合检查。过程检查需要进行野外检查和内业检查。

在过程检查中,要把生产的关键环节、重点工序等作为平时的质量监控点,严密组织生产、加强生产技术指导。对测量标志的选、埋情况进行检查时,观测其是否满足测量标志的埋设质量和规定;控制测量观测各项限差和条件检验是否满足规定要求、平差计算是否合理、计算方法是否正确、结果是否可靠等。地形图产品检查除采用室内检查和实地核对外,还应采用布测高程路线测定高程注记点、量取地物点间距、测定地物点坐标等检查方法,取得衡量精度的数据。

任务 6.2　数字测图成果检查、验收的实施

6.2.1　任务目标

通过学习本任务,掌握在过程检查和最终检查的基础上,对前面测量完成的数字地形图进行验收工作,依据相关规定的有关要求按比例实行抽样验收,并评定等级。

6.2.2　相关配套知识

1.验收须知

验收必须在测绘成果进行完最终检查并全部合格之后才能进行。在验收时应对样本内的单位成果进行逐一详查,样本外的单位成果应根据需要进行概查。检查出的问题、错误,以及复查的结果应在检查记录中记录。验收应审核最终检查记录,验收不合格的批成果退回处理,并重新提交验收,重新验收时应重新抽样。验收合格的批成果,应对检查出的错误进行修改,并通过复查核实。验收工作完成后,应编写检验报告。

2.验收的工作程序

(1)组成批成果

批成果应由同一技术设计书指导下生产的同等级、同规格单位成果汇集而成。生产量较大时,可根据生产时间的不同、作业方法不同或作业单位的不同等条件分别组成批成果,实施分批检验。

(2)确定样本量

按表 6-1 的规定确定样本量。

(3)抽取样本

采用分层按比例随机抽样的方法从批成果中抽取样本,即将批成果按不同班组、设备、环境、困难类别、地形类别等因素分成不同的层。根据样本量在各层内分别按其在批成果中所占比例确定应抽取的单位成果数量;并使用简单随机抽样法抽取样本。提取批成果的有关资料,如技术设计书、技术总结、检查报告、结合表、图幅清单等。

(4)检查

详查应根据单位成果的质量元素及相应的检查项,按项目技术要求逐一检查样本内的单位成果,并统计存在的各类错漏数量、错误率、中误差等。

根据需要,对样本外单位成果的重要检查项或重要要素以及详查中发现的普遍性、倾向性的问题应进行检查;并统计存在的各类错漏数量、错误率、中误差等。

(5)成果质量评定

根据详查和概查的结果,根据相关规定通过单位成果质量分值评定其质量等级。质量等

级可划分为优级品、良级品、合格品、不合格品四极。概查只确定合格品、不合格品两极,详查评定分为四级。单位质量成果用百分制表征,其标准如下。

①优级品:$N=90\sim100$ 分;

②良级品:$N=75\sim89$ 分;

③合格品:$N=60\sim74$ 分;

④不合格品:$N=0\sim59$ 分。

大比例尺地形图采用加权平均法计算单位成果质量得分,见式(6-3):

$$S = \sum_{i=1}^{n}(S_{1i} \times p_i) \tag{6-3}$$

式中 S、S_{1i}——单位成果质量、质量元素得分;

p_i——相应质量元素的权值;

n——单位成果中包含的质量元素个数。

质量元素的评分方法采用加权平均法,见式(6-4):

$$S_1 = \sum_{i=1}^{n}(S_{2i} \times p_i) \tag{6-4}$$

式中 S_1、S_{2i}——质量元素、相应质量子元素得分;

p_i——相应质量子元素的权值;

n——质量元素中包含的质量子元素 个数,大比例尺测绘成果质量元素、质量子元素权值见表 6-3。

表 6-3 大比例尺成果质量元素及权重表

质量元素	权	质量子元素	权
数学精度	0.20	数学基础	0.20
		平面精度	0.40
		高程精度	0.40
数据及结构正确性	0.20		
地理精度	0.30		
整饰质量	0.20		
附件质量	0.10		

数学精度按表 6-4 采用分段直线内插的方法计算质量分数;多项数学精度评分时,单项数学精度得分均大于 60 分时,取其平均值或加权平均。

表 6-4 数学精度评分标准

数学精度值	质量分数
$0 \leqslant M \leqslant 1/3 \times M_0$	$S=100$ 分
$M_0 = \pm\sqrt{m_1^2 + m_2^2}$	90 分 $\leqslant S < 100$ 分
$1/2 \times M_0 \leqslant M \leqslant 3/4 \times M_0$	60 分 $\leqslant S < 75$ 分
$3/4 \times M_0 \leqslant M \leqslant M_0$	60 分 $\leqslant S < 75$ 分

表 6-4 中，M_0 为允许中误差的绝对值，$M_0 = \pm \sqrt{m_1^2 + m_2^2}$；$m_1$ 为规范或相应技术文件要求的成果中误差；m_2 为检测中误差（高精度检测时 $m_2 = 0$）；M 为成果中误差的绝对值；S 为质量分数。

在计算质量子元素得分时，首先将质量子元素预置为 100 分，根据表 6-3 的要求对相应质量子元素出现的错漏逐个扣分，见式(6-5)：

$$S_2 = 100 - \{a_1 \times (12/t) + a_2 \times (4/t) + a_3 \times (1/t)\} \tag{6-5}$$

式中 S_2——质量子元素得分；

a_1、a_2、a_3——相应质量子元素相应的 B 类错漏、C 类错漏、D 类错漏；

t——扣分调整系数。

成果错漏扣分标准见表 6-5，对于 4 种错漏类型具体规定见《测绘成果检查与验收》(GB/T 24356—2009)。

表 6-5   成果质量错漏扣分标准

差错类型	扣分值
A 类	42 分
B 类	12/t 分
C 类	4/t 分
D 类	1/t 分

任务 6.3   数字测图技术总结编写

6.3.1   任务目标

通过学习本任务，可对地形图测量过程进行全方位的总结，列举测量方法、得出测量成果、分析测量过程中存在的问题及解决措施，形成技术总结报告并上交。

6.3.2   相关配套知识

1. 技术总结书涉及的内容

测绘技术总结分为项目总结和专业技术总结。专业技术总结是测绘项目中所包含的各测绘专业活动在成果检查合格后，分别总结撰写的技术文档。项目总结是一个测绘项目在其最终成果检查合格后，在各专业技术总结的基础上，对整个项目所作的技术总结，工作量较小的项目，可将技术总结和项目总结合并为项目总结。

数字测图技术总结由承担本次测绘专业任务的法人单位负责编写，通常由单位的技术人员进行具体的编写工作。技术总结编写完成后，单位总工程师或技术负责人应对技术总结编写的客观性、完整性等进行审核并签字，并对技术总结编写的质量负责。技术总结经审核、签字后，随测绘成果（或产品）、测绘技术设计文件和成果（或产品）检查报告一并上交和归档。

数字测图技术总结是指在测图工作完成后，针对测图中的重点事件以及在测图过程中遇到的问题和解决方法进行全面总结，形成书面材料。一般包括任务概述、作业情况、控制测量、地形图测绘、检查验收、结论、提交成果资料、附件等方面构成。

（1）测区概述

主要包括任务来源、目的和工作量等，任务安排与完成情况，测区经济、地理状况和已有资料利用情况。

（2）技术设计执行情况

作业情况需要描述本次数字测图项目的作业依据、生产过程中出现的主要技术问题和处理方法，特殊情况的处理及其达到的效果，新技术、新方法、新材料等应用情况，经验、教训、遗留问题、改进意见和建议等。

（3）成果质量说明和评价的主要内容

简要说明、评价测绘成果（或产品）的质量情况（包括必要的精度设计）、产品达到的技术质量指标，并说明其质量检查报告的名称和编号。

（4）上交和归档的成果（或产品）及其资料清单的主要内容

分别说明上交和归档成果的形式、数量等，以及上交资料文档的清单。

2. 大比例尺地形图测量技术总结参考大纲

（1）测区概述

①任务来源和目的。

②测区概况。

③成图比例尺、坐标系及高程基准。

④作业与检查的技术依据。

⑤生产组织与完成工作量：

a. 生产组织情况；

b. 完成工作量。

⑥已有资料利用情况：

a. 控制资料利用情况；

b. 地形图资料利用情况。

（2）作业方法、质量和有关的技术依据

①首级控制测量。

②图根控制测量：

a. 使用的仪器和设备；

b. 图根控制精度汇总。

③地形图测绘。

（3）成果的质量检查与问题处理说明

（4）技术结论

（5）经验与体会

（6）附图及附表

（7）上交的资料清单

 项目小结

数字测图技术总结是指对本次测量工作进行全方位的总结，列举测量方法、得出测量成果、分析测量过程中存在的问题及解决措施。对数字测图产品进行检查验收是数字测图不可或缺的一道工序,检查验收就是对前面工作得出的数字地形图进行质量评价,是保证测图产品满足国家规范和用户需求的重要保证。数字测图产品的检查验收分为检查和验收两个阶段,其中检查又分为过程检查和最终检查。

 复习思考题

1. 评定数字地形图的质量元素包括哪些?
2. 某项质量元素不合格,数字地形图是否还能评为合格品,为什么?

项目 7 地形图原图数字化

 项目描述

全野外数字化测图（地面数字测图）是获取数字地形图的主要方法之一；除此之外，还可以利用已有的纸质或聚酯薄膜地形图，通过地形图数字化方法获得数字地形图。目前国土、规划、勘察及建设等各部门还拥有大量各种比例尺的纸质地形图，这些都是非常宝贵的基础地理信息资源。为了充分利用这些资源，在生产实际中要把大量的纸质地形图通过数字化仪或扫描仪等设备输入到计算机，再用专业软件进行编辑和处理，将其转换成计算机能存储和处理的数字地形图，这一过程称为地形图原图数字化，或原图矢量化。

 学习目标

1. 知识目标

(1) 理解栅格数据、矢量数据等概念；

(2) 掌握地形图矢量化坐标纠正的原理；

(3) 掌握地形图原图数字化的一般流程；

(4) 掌握 CASS10.1 成图软件进行屏幕矢量化的步骤、方法和技术要求。

2. 能力目标

(1) 能够利用 CASS10.1 软件进行地形图的坐标纠正；

(2) 能够利用 CASS10.1 软件进行地形图的矢量化。

3. 素质目标

(1) 具备诚实守信和爱岗敬业的职业道德；

(2) 培养踏实的工作作风；

(3) 培养吃苦耐劳的工作精神。

 相关案例——××单位 1∶1 000 地形图数字化

××院数字化测绘队承担了某地区约 4 km² 的数字化测图任务。该测区范围：东至京广铁路，西至县城西二环线中线，南至××河北岸北河堤，北至县中学北边界。整个测区内涉及工厂、医院、商业、铁路、公路、山丘等，交通不太便利、地形较为复杂、测量工作难度较大。为充分利用现有的纸质地形图资料，减少外业数据采集工作量，故采用原图数字化的方法将满足精度要求的已有纸质图纸矢量化为数字地图。

设备配置如下。

硬件设备：

(1)扫描仪；

(2)计算机。

软件设备：

(1)Adobe photoshop 软件；

(2)成图系统软件 CASS10.1。

要求利用本项目所学内容选择合适的方法进行纸质地形图的数字化。

任务 7.1　地形图扫描及预处理

7.1.1　任务目标

通过学习本任务，掌握地形图数字化的相关知识要点。了解地形图扫描的基本原理及图像预处理需要解决的问题，掌握利用南方 CASS10.1 软件进行图像纠正的步骤。

7.1.2　相关配套知识

1.地形图数字化

地形图原图数字化的方法主要有两种：手扶跟踪数字化和扫描屏幕数字化。

(1)手扶跟踪数字化

手扶跟踪数字化(图 7-1)是利用数字化仪和相应的图形处理软件进行的；其主要作业步骤：首先将数字化板与计算机正确连接，把工作底图(纸质地形图)放置于数字化板上固定，用手持定标设备(鼠标)对地形图进行定向并确定图幅范围；然后跟踪图上的每一个地形点，用数字化仪和相应的数字化软件在图上进行数据采集，经软件编辑后获得最终的矢量化数据，即数字地形图。

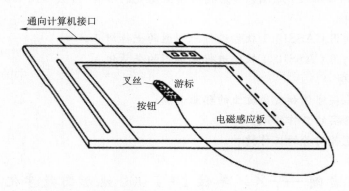

图 7-1　手扶跟踪数字化仪示意图

利用手扶跟踪数字化仪进行地形图数字化，数字化仪输出到计算机的坐标数据是数字化仪坐标系的坐标，然后由计算机程序将数字化仪的坐标换算成地形图坐标系的坐标(图 7-2)。

对于某已知点 P 的地形图坐标 (X,Y) 和数字化坐标 (x,y) 有以下关系式：

$$\left.\begin{array}{l} X-X_0 = \lambda \cdot (x-u) \cdot \cos\alpha + \lambda(y-v) \cdot \sin\alpha \\ Y-Y_0 = \lambda \cdot (-x+u) \cdot \sin\alpha + \lambda(y-v) \cdot \cos\alpha \end{array}\right\} \qquad (7\text{-}1)$$

式中　λ——长度比；

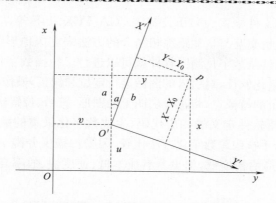

图 7-2　数字化仪坐标与地形图测量坐标关系图

u、v ——地形图西南角图廓点 O' 的数字化坐标;

α ——坐标轴转角。

经变换后为

$$\left.\begin{array}{l} X=ax+by+Q_x \\ Y=-bx+ay+Q_y \end{array}\right\} \tag{7-2}$$

式中,Q_x、Q_y、a 和 b 为待定换算系数。

手扶跟踪地形图数字化方法步骤如下。

步骤 1:地形图定位

进行地形图定位,计算坐标转换系数。

步骤 2:菜单定位

菜单定位完成后,菜单区内某一位置的行号和列号都可由数字化仪坐标换算出来。在地形图数字化系统程序中,每一对行号和列号都和方格所对应的代码或程序功能联系起来。因此,只要在数字化地形图要素之前或之后,将数字化仪游标移到菜单区相应的地形图图式符号的小方格内,这样就把该地形图要素的代码和图形的坐标(几何位置)连在一起,形成一个规定格式的数据串储存在计算机内。数字化菜单除用于输入图形要素代码外,还可输入程序执行命令,进行数字化数据的处理和屏幕图形的编辑,作为人机交互系统中的一个输入设备。

步骤 3:数据采集

在地形图定位和菜单定位完成之后,即可开始对大比例尺地形图进行数字化。地形图数字化时要将地形图和菜单固定好,以防数字化过程中图纸移动。如果在数字化过程中发现图纸有移动,必须对地形图重新定位。

地形图数字化的数据采集与野外数据采集类似,只要把地形的特征点进行数字化仪采集,即可得到每一特征点的点位坐标,同时还输入它们的属性编码和连接信息。

由于手扶跟踪数字化需要大量的人工操作,使得它成为以数字为主体的应用项目的瓶颈,而扫描技术的出现成为空间数据录入的有力工具。

(2)扫描屏幕数字化

扫描屏幕数字化时用扫描仪将纸质地形图转换为图像数据,然后基于图像数据进行矢量化;其过程为:首先将纸质的地形图通过扫描仪等设备转化到计算机中,然后使用专业软件进行处理和编辑,将其转化成计算机能存储和处理的数字地形图。

地形图扫描数字化,是利用扫描仪将纸质地形图进行扫描后,生成一定分辨率并按行和列规则划分的栅格数据,其文件格式为 GIF、BMP、TGA、PCX、TIF 等,应用扫描矢量化软件进行栅格数据化后,采用人机交互与自动跟踪相结合的方法来完成地形图矢量化。扫描数字化只需要计算机、矢量化软件或数字化测图软件就可以进行。扫描数字化将需要数字化的地形图图像格式文件引入矢量化软件,对引入的图像进行定位和纠正,操作员使用鼠标在计算机显示屏幕上跟踪地图位图上的特征点,将工作底图上的图形、符号、位置转换成坐标数据,并输入矢量化软件或数字化测图软件定义的相应代码,生成数字化采集的数据文件,经人机交互编辑,形成数字地形图。与手扶跟踪数字化方法比较,因受扫描仪分辨率和屏幕分辨率的影响,则会比数字化仪录入图形的精度低,但也具有成本低、速度快、效率高的特点,其作业流程如图 7-3 所示。

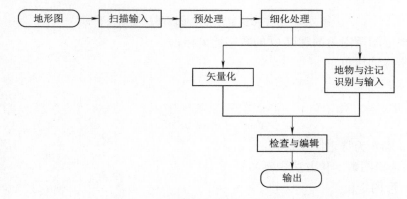

图 7-3　地形图扫描矢量化作业流程

2.栅格图形和矢量图形

　　计算机中图形数据按获取和成图方法的不同,可以区分为栅格数据和矢量数据两种格式,对应的图形通常称为栅格图形和矢量图形。

　　栅格数据是图形像元值按矩阵形式的集合。由航空摄影、遥感、无人机和扫描仪等(包括一般的相机)获得的数据是栅格数据。

　　栅格图形是指用格网点绘出的图形,格网又称为栅格。形成图形的方法是在平面上先设定一个格网,每个小格可以由不同的颜色填充,称为一个像元(或像素),由于每个像元的不同颜色可使此平面显示出某种图形。

　　矢量数据是图形的离散点坐标(x,y)的有序集合。由野外采集获得的数据和手扶跟踪数字化采集的数据是矢量数据。

　　矢量图形是用直角坐标值(x,y)绘出的图形。矢量图形的特点:图形上的每个点均是用坐标表示的,这样就便于用函数来计算,对于图形的放大、缩小、旋转等变化都不会使图形产生变形;栅格图形的特点:图形的存储较为简单,只需要按行、列顺序记下各像元的值;但是要使图形作放大、缩小、旋转等变化则较为复杂。如果将图中的栅格看成是坐标格网,那么栅格图形的像元亦可以用坐标来表示;同样,如果将矢量图形的坐标线看成栅格格网,那么矢量图形亦可用栅格图形来表示,这就是说,栅格图形和矢量图形的数据可以通过某种方法(如编程)进行相互转换,以便于在图形处理中发挥各自的长处。

　　据估计,一幅 1∶1 000 比例尺一般密度的平面图只有几千个点的坐标对,而一幅 1∶10 000比例尺的地形图,其矢量数据拥有多则几十万甚至上百万个点的坐标对,矢量数据量与比例尺、地物密度有关。一幅标准图幅的大比例尺地形图的栅格数据,随栅格单元(像元)边长的不同(一般小于0.02 mm)而不同,通常达上亿个像元点。故一幅地形图或图形的栅格数据量一般情况下比矢量数据量大得多。

通常直接扫描生成的图像文件是栅格图形,即由栅格像素组成的位图。这种位图只有用相应的软件才能被打开和浏览。形象地说,栅格图形中的一条直线是由许多栅格点构成的,这些栅格点没有任何的位置信息、属性,相互间没有联系、编辑起来比较困难,如果要编辑栅格线就是要编辑一个个光栅点,常用的软件有 Adobe Photoshop 等;而常用的 CAD 软件中绘制的图形是矢量文件。矢量图形中的线由起点、终点坐标和线宽、颜色、层等属性组成,对它的操作是按对线的操作进行的,编辑很方便,如果要改变一条线的宽度只要改变它的宽度属性即可,要移动它只需要改变它的坐标。

相对来说,光栅图和矢量图有如下区别:

①光栅图没有矢量图的编辑修改方便、快捷、无法给实体赋予属性;

②一般光栅图的存储空间比矢量图大;

③光栅图没有矢量图的质量好,例如光栅线没有矢量线光滑;

④有些操作,如提取信息,对光栅图是根本不可能进行的,只有从矢量图中才能提取、查询信息;

⑤光栅图对输出要求高。

3. 地形图扫描及预处理

(1)地形图扫描

扫描仪是利用光电技术和数字处理技术,以扫描方式将图形或图像信息转换为数字信号的装置,常被用作计算机外部仪器设备。

目前的扫描仪按工作原理可分为电荷耦合器件(CCD)扫描仪及接触式感光器件(CIS 或 UDE)扫描仪两种;其接口形式主要分为 SEEP、SCSI 及 USB 三种扫描仪;其中 CCD 扫描仪因其技术发展较为成熟,具有扫描清晰度高、景深表现力好、寿命长等优点,因而得到广泛使用,但因其采用了包含光学透镜在内的精密光学系统,使得其架构较为脆弱。在日常使用中,除了要防尘以外,更要防止剧烈的撞击和频繁的移动,以免损坏光学组件。

对于幅面比较大(大于 A3)的图纸,可以用大幅面扫描仪来实现图纸的计算机输入,常用的大幅面扫描仪一般分为平板式扫描仪、馈纸式扫描仪;其中平板式扫描仪(图 7-4)和家用(商用)扫描仪一样,将介质平放于扫描仪图像采集的大面积光学玻璃上,图纸处于静止状态,采集图像的 CCD(或 CIS)在固定的轨道内进行移动,采集必要的数据信息。这种走纸方式的最大优点是对介质不会造成任何损伤。馈纸式扫描仪(图 7-5)即扫描仪成像机构处于静止状态,传动机构带动扫描介质向前移动,进行图像数据的采集。绝大多数大幅面扫描仪,基本上都是采用这种扫描方式,其最大的特点是具有很高的扫描速度同时还能获得满意的图像质量。

图 7-4　平板式扫描仪

图 7-5　馈纸式扫描仪

为了使扫描成果图达到最好的效果,在可能的情况下,应当首先选择质量最好的底图。所谓底图的质量好,主要指以下方面。

①底图平整:准备进行扫描的底图如果已经被使用过,往往会留下不同程度的折叠痕迹,在折叠的区域,由于纸张的拉伸,会造成一定程度的变形,使得局部区域的空间相对位置失准,因此建议尽量使用新的或很少使用的底图。如果没有,最好在扫描之前将地图在平整的台面上用玻璃等压平一段时间。如果变形比较严重,则需要将变形区域进行局部的几何矫正。

②印刷清晰无污点:地图经过一定时间的使用后,会对原先的印刷线条造成一定程度的磨损。扫描后,磨损或有污点的区域可能会难于识别,从而对后续的数字化工作带来不便。因此,如果有选择的可能性,就应当选择印刷版本最清晰、最干净的地图。

当扫描仪的幅面小于地图的幅面,即扫描仪的有效扫描面积不足以覆盖整幅地图。因此同一幅图需要扫描多次,如图 7-6 所示。

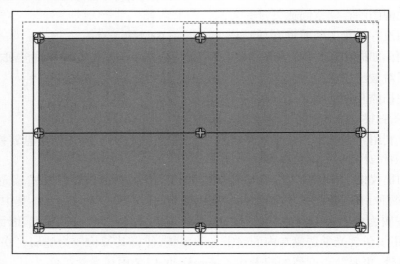

图 7-6 分块扫描地形图

在扫描的过程中,有两个比较重要的参数:图像大小和分辨率。这两个参数决定了扫描出的图像的大小;图像越大或分辨率越高,目标图像就越大。目前,我们常用的组合为"图像大小"为 100%,分辨率为 300 DPI。

扫描出的图像可以以不同的格式来存储,如存储为 TIF、BMP、JPG 等常用的格式。JPG格式的文件是经过压缩的图像,文件大小要比 TIF 或 BMP 格式的文件小的多;然而其在压缩的过程中会丢失一些数据。因此如果对扫描图像的真实性要求很高,建议采用 TIF 或 BMP的格式存储。如果以节省存储空间为优先考虑,那么可以考虑以 JPG 的格式来存储。图像格式之间的转换是处理图像的软件的基本功能,可以用多种多样的软件来实现。

一般来讲,比较旧的图纸,或多或少总会存在污点、折痕、断线、模糊不清或图纸撕裂等问题。扫描仪是真实地反映原图的,只不过带消蓝去污功能的扫描仪能自动将蓝底色和小的污点去掉。如果我们需要得到清晰干净、不失真的图纸,就需要用相应的软件对计算机里的图像文件作净化处理。经过净化处理的图像文件可以按照需要打印、输出、保存或插到别的文件里。如果需要在原图的基础上做些修改,如更改、删除或增加某些内容,则需要使用能对电子图像文件做上述修改的软件。对图像文件做修改的软件有两类:一类叫光栅编辑软件,一类叫矢量化软件。

（2）图像预处理

图像经过扫描处理后，得到光栅图像，在进行扫描光栅图像矢量化之前，需要对光栅图像进行预处理、细化处理和纠正工作。

①原始光栅图像预处理

纸质地形图经扫描后，由于图纸不干净、线不光滑以及受扫描、摄像系统分辨率的限制，使扫描出来的图像带有黑色斑点、孔洞、凹陷和毛刺等噪声，甚至有错误的光栅结构。因此，扫描地形图工作底图得到的原始光栅图像必须经过多项处理后才能完成矢量化，这就要用到光栅编辑软件。不同的光栅编辑软件提供的光栅编辑功能不同。目前较好的光栅编辑软件是挪威的 RxAuto Image，能实现如下功能：智能光栅选择、边缘切除、旋转、比例缩放、倾斜校正、复制、变形、图像校准、去斑点、孔洞填充、平滑、细化、剪切、复制、粘贴、删除、合并、劈开等。对于仅仅是将图纸存档或做不多修改就打印输出的用户来说，更多的是选择 Adobe Photoshop 之类的软件，因为基本上可满足上述要求，同时可以节省进行矢量化所消耗的人力和时间。对原始光栅图像的预处理实质上是对原始光栅图像进行修正，经修正后得到正式光栅图像，其内容主要有以下几个方面：

a. 采用消声和边缘平滑技术除去原始光栅图像中的噪声，减小这些因素对后续细化工作的影响和防止图像失真。

b. 对原始光栅图像进行图幅定位坐标纠正，修正图纸坐标的偏差；由于数字化图最终采用的坐标系是原地形图工作底图采用的坐标系统，因此还要进行图幅定向，将扫描后的栅格图像坐标转换到原地形图坐标系中。

c. 进行图层、图层颜色设置及地物编码处理，以方便矢量化地形图的后续应用。

②正式光栅图像细化处理

细化处理过程是在正式光栅图像数据中，寻找扫描图像线条的中心线的过程。衡量细化质量的指标有：细化处理所需内存容量、处理精度、细化畸变、处理速度等。细化处理时要保证图像中的线段连贯性，但由于原图和扫描的因素，在图像上总会存在一些毛刺和断点，因此要进行必要的毛刺剔除和人工补断，细化的结果应为原线条的中心线。

③正式光栅图像纠正

地形图在扫描过程中，由于印刷、扫描的过程会产生误差，存放过程中纸张会有变形，导致扫描到电脑中的地图实际值和理论值不相符，即光栅图像图幅坐标格网西南角点坐标、图幅坐标格网、图幅大小及图幅的方向与相对应的标准地形图的图幅坐标格网西南角点坐标、坐标格网、图幅大小及图幅方向不一致。因此，需要对正式光栅图像进行纠正处理。目前，对光栅图像进行纠正的软件非常多，本书以南方 CASS10.1 为例介绍其纠正扫描地形图的过程：

a. 运行南方 CASS10.1 地形地籍软件，点击"工具—光栅图像—插入图像"菜单；

b. 在弹出的图像管理器对话框中点击"附着 DWG"按钮；

c. 在弹出的选择图像文件对话框中选择一幅扫描的栅格地形图，单击"打开"按钮；

d. 在弹出的图像对话框中单击"确定"按钮；

e. 在南方 CASS10.1 绘图区任意位置点击鼠标左键并拖放出适当大小的区域后，再松开鼠标左键，则在 CASS10.1 绘图区中插入了一幅扫描栅格地形图；

f. 点击"工具—光栅图像—图像纠正"子菜单；

g. 根据 CASS10.1 命令行的提示，选取需要纠正处理的栅格地形图（务必选择图像的边界线），弹出"图像纠正"对话框；

h. 在"图像纠正"对话框中点击"图面"所在行的"拾取"按钮,拾取扫描栅格地形图上图幅内图廓西南角的图面坐标,然后在"实际"所在行输入图廓西南角的实际坐标值,其中东方向为 Y 坐标,北方向为 X 坐标,最后点击"添加"按钮,将"拾取"的图幅西南角的图面坐标和实际坐标添加到"控制点采集区";

i. 按照上一步的方法,依次采集图幅东南角、东北角、西北角的内图廓图面坐标与实际坐标,然后单击"纠正"按钮;

j. 经过前面几步,扫描的栅格地形图就纠正好了,可绘制一幅 50 cm×50 cm 的标准图幅,与纠正好的扫描栅格地形图进行比较,检查纠正的精度是否满足要求。

上述即为"线性变换"纠正扫描栅格地形图的过程,如果纠正精度较高,也可采用"逐格网法",即将扫描栅格地形图的每个坐标格网的坐标信息都按照上述方法采集到"控制采集区",再进行纠正。

任务 7.2　地形图矢量化

7.2.1　任务目标

通过学习本任务,掌握地形图矢量化的基本含义,了解不同矢量化方式的特点,掌握用南方 CASS 软件进行地形图矢量化的过程。

7.2.2　相关配套知识

1.矢量化方式及矢量化软件选择

根据需要将光栅图转换成矢量图的过程叫作矢量化,经过处理后的光栅图像可导入矢量化软件中进行矢量化工作。矢量化的实质是从用像素点数据描述的位图文件中识别出点、线、圆、弧、字符、各种地形符号等基本几何图形的一个过程。一般矢量化的方式有三种:手工矢量化、半自动矢量化和全自动矢量化。

手工矢量化是完全采用人工方式用软件提供的工具将扫描光栅图像转化为矢量图。例如在 AUTOCAD 中,要将栅格图像矢量化,就需要人工利用 CAD 软件提供的点、线、面工具将栅格图像描一遍,虽然这种方式比较费时费力,但其后期编辑工作量较小。这种方式在测绘单位早期地形图矢量化中使用较多。

半自动矢量化又称为交互式跟踪矢量化,是用人工干预的方式将光栅图像转化为矢量化集合图形。交互式跟踪矢量化由两部分组成:栅格捕捉和栅格跟踪。

常用的数字化测图软件(如 CASS10.1),具有捕捉栅格单元的功能,它可以帮助精确的创建地物特征。在使用图形编辑工具创建地物特征时,用户可以捕捉栅格中心线、交叉点、拐点、端点和立体元素。栅格跟踪功能允许用户对矢量单元和创建矢量特征进行手工跟踪。使用跟踪工具时,用户只需简单地把光标指向准备矢量化的方向,然后点击即可。每次点击后,地物特征都将在矢量单元的中心线附近生成,通过图形编辑工具,用户可以选择产生线状和(或)多边形地物特征。

全自动矢量化软件能对全图或某部分光栅图一次性自动识别,并转化成相应的几何图形。较好的全自动矢量化软件(如德国的 VP 系列),能识别直线、圆、弧、多义线、样条曲线、剖面线、轮廓线、箭头、各种符号、数字、英文字符等,还能识别线的宽度、线形、文字高度等,它能跳过窄的断点,还能对不同类型的图纸采用不同的识别参数。

转化成矢量的实体并不是 100%正确的,因此需要对矢量化的结果进行编辑修改,这就要用后处理软件。矢量化的准确程度直接影响后处理的工作量,矢量化后的图形越准确,后处理的工作量越小。有效实用、易于操作的矢量编辑工具,更可节省后处理的时间。

目前矢量化软件非常多,如 ARCMAP、R2V、Mapinfo、CASSCAN、CASS 等。不同的软件可能对每个过程采用不同的实现方式,用户可以根据自己的具体要求选用上述相应的软件,而有些软件又分多个模块和版本。

此外,选用软件还应考虑的因素有:

(1)输入文件格式,能输入的最大光栅文件大小;

(2)输出格式,与其他软件特别是用户 CAD 软件的兼容性;

(3)是否有批处理功能;

(4)它可运行在何种操作平台上;

(5)因为部分软件是国外开发的,还应考虑它是否为中文版或中文界面,能否接受汉字等。

目前,利用 CASS10.1 进行矢量化的方法在测绘市场的占有率较高,本书重点讲述利用 CASS10.1 进行矢量化工作的方法和步骤。

2.利用 CASS10.1 矢量化地形图

(1)运行南方 CASS10.1 地形地籍软件,点击"工具/光栅图像插入图像"菜单,如图 7-7 所示。

(2)在弹出的对话框中点击左上角附着管理器按钮,并在下拉菜单中点击"附着图像(Ⅰ)"选项,如图 7-8 所示。

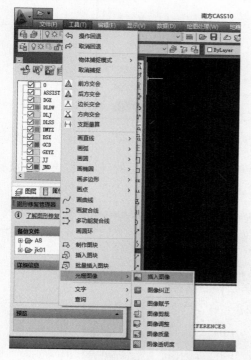

图 7-7　"工具/光栅图像插入图像"菜单

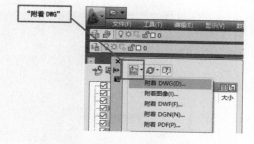

图 7-8　"附着图像(Ⅰ)选项"

(3)在弹出的选择图像文件对话框中选择一幅扫描的栅格地形图,单击"打开"按钮,如图 7-9所示。

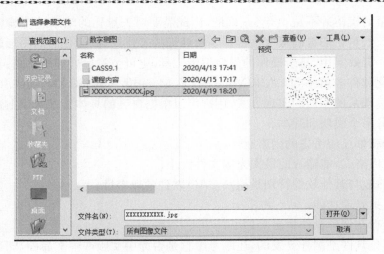

图 7-9   选择图形文件对话框

（4）在弹出的图像对话框中设置好路径类型、插入点、缩放比例等选项后单击"确定"按钮，也可以保持默认设置直接点击"确定"按钮，如图 7-10 所示。

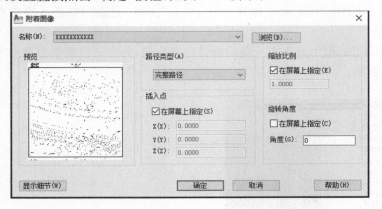

图 7-10   设置路径类型、插入点、缩放比例等

（5）在 CASS10.1 绘图区任意位置点击鼠标左键并拖放出适当大小的区域后，再松开鼠标左键，便在 CASS10.1 窗口中插入光栅图像，如图 7-11 所示。

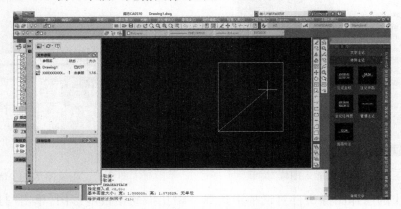

图 7-11   在屏幕上确定栅格图像大小

　　(6)图像插入后(图 7-12),可通过"工具/光栅图像/图像调整(图像质量、图像透明度)"等对图像的显示效果进行调整。因光栅图像图幅坐标格网西南角点坐标、图幅坐标格网、图幅大小及图幅的方向与相对应比例的标准地形图的图幅坐标格网西南角点坐标、坐标格网、图幅大小及图幅方向不一致,需要对图像进行纠正,点击"工具/光栅图像/图像纠正"选项,根据 CASS10.1 命令行提示,选取需要纠正处理的图像边缘,弹出如图 7-13 所示的对话框。

地形图数字化——
图像导入

图 7-12　插入后的图像

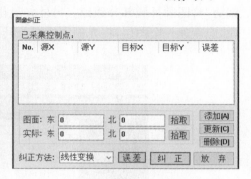

图 7-13　图像纠正对话框

　　(7)图像纠正实际上是进行坐标转换,即采用若干个图廓、格网交叉点或控制点的图面坐标和其测量坐标根据 3 参数或 7 参数进行转换,最终纠正至原测量坐标。纠正的方法有"赫尔默特"(至少需要选择 2 个控制点)、"仿射变换"(至少需要选择 3 个控制点)、"线性变换"(至少需要选择 4 个控制点)、"二次变换"(至少需选择 6 个控制点)、"三次变换"(至少需要选择 10 个控制点)。用户可根据光栅图像变形的严重性选择相应的方法(在纠正方法列表中可进行选择),一般变形较小的图像选择"线性变换"即可。

　　在"图像纠正"对话框中"图面"所在行点击"拾取"按钮,在扫描栅格图上将图幅适量放大,用鼠标点击拾取图廓、格网交叉点或控制点的中心位置,如图 7-14 所示。然后在实际所在行的"北"和"东"中分别输入 x 和 y 坐标值,即图面拾取点的实际坐标值。然后点击"添加"按钮,将"拾取"的图廓、格网交叉点或控制点的图面坐标与实际坐标添加到"已采集控制点"区。

　　(8)按照上一步的方法,依次按照一定的顺序采集图幅东南角、东北角、西北角的控制点图面坐标与实际坐标,然后单击"纠正"按钮,如图 7-15 所示。

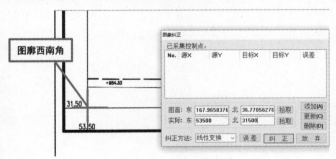

图 7-14　采集控制点

图 7-15　采集四个控制点

　　(9)经过上述几步,栅格图像就纠正好了,这时应检查纠正的精度是否满足要求,可查询相应控制点的坐标,或量取相关边长与已知值进行比对。如果要求纠正的精度较高,则可采用"逐格网法",即将扫描栅格图图幅的每个坐标格网的坐标信息按照上述方法采集到"控制采集区",再进行纠正。

经过纠正后,栅格图像应该能达到数字化所需的精度。纠正完成后,需要点击"全图"按钮,显示纠正后的图形,如图 7-16 所示。需要特别注意的是,纠正过程中将会对栅格图像进行重写,覆盖原图,自动保存为纠正后的图形,所以在纠正之前需备份原图。

地形图数字化——
图像纠正

(10)为避免在操作过程中占用太多内存,可通过"工具/光栅图像/图像裁剪"将图廓外侧部分裁掉。另外矢量化过程中可能导致光栅图像移位或扭曲,应新建一个图层,将光栅图像置于其中并进行锁定。

图 7-16　"全图"按钮

(11)点状符号矢量化。

根据地形图图式的要求,每个点状符号都有自己的定位点和特定的表示符号。因此点状符号的矢量化仅需要将定制好的标准符号插入到相应的位置即可。以控制点为例来说明,根据扫描地形图上控制点的类型,在 CASS10.1 屏幕菜单上选择相应的控制点类型,然后根据 CASS10.1 命令行提示进行操作。

点击屏幕菜单的"控制点/平面控制点/图根控制点",命令行出现"指定点"(初次操作还会出现"1:500",用户需根据需要选择或输入所需的新比例尺),用鼠标在栅格图像的"图根控制点"的定位点上单击,命令行出现"高程(m):",输入该控制点的高程值后回车;命令行出现"等级—点名:",输入控制点的点名后回车,则完成了控制点的矢量化,如图 7-17 所示。

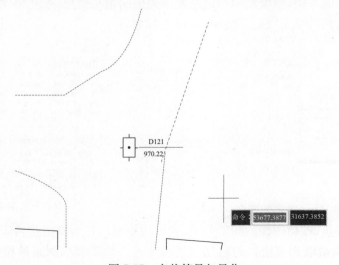

图 7-17　点状符号矢量化

(12)线状符号的矢量化。

线状符号一般是由一系列的坐标对和相应的线形构成,其矢量化主要是用特定的线形将扫描的线形地形描绘出来,下面以道路边线为例。在 CASS10.1 屏幕菜单上选择"交通设施/乡村道路",在弹出的对话框中选择"机耕路虚线边"后点确定按钮,命令行出现"第一点:<跟踪 T/区间跟踪 N>",鼠标左键点击需要矢量化的道路边线起点,命令行出现"指定点",鼠标左键点击小路的下一特征点。如此重复,直到该道路边线的终点,然后回车或点鼠标右键,命令行出现"拟合<N>?",该线状符号若需拟合,则输入"Y"后回车,否则直接回车或点击鼠标右键即可。图 7-18 所示为一段矢量化的道路边线。

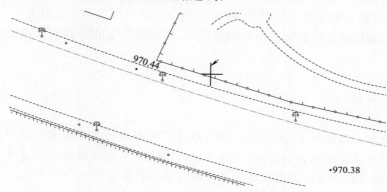

图 7-18 一段矢量化的道路边线

(13)面状符号的矢量化。

面状符号的矢量化本质上与线状符号的矢量化相似,所不同的是面状符号首尾坐标是相同的,这里以房屋为例来说明。

在 CASS10.1 屏幕菜单上选择"居民地/一般房屋",在弹出的对话框中选择"四点房屋"后点确定按钮,命令行出现"1.已知三点/2.已知两点及宽度/3.已知两点及对面一点/4.已知四点<3>"。输入"4"后回车,用鼠标左键在栅格图上点取需要矢量化的房屋的 4 个特征点后回车,则完成了该房屋的矢量化,如图 7-19 所示。

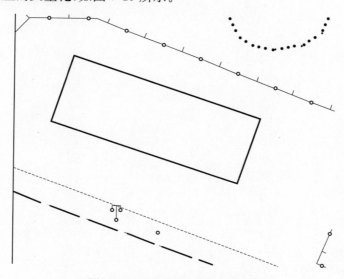

图 7-19 矢量化的一般四点房屋

（14）用 CASS10.1 软件矢量化图廓比较简单，方法同图幅整饰，如选择"绘图处理/标准图幅（50 cm×50 cm）"菜单。

（15）在弹出的图幅整饰窗口中完善相应的图名、图廓西南角坐标等内容，点击"确定"按钮。系统自动按要求在指定的位置插入一幅标准的 50 cm×50 cm 的地形图图框。

按照上述方法将所有的地形符号矢量化完成后，将光栅图像所在图层关闭，则得到一幅完整的、标准的矢量地形图。

地形图矢量化的实质就是将图形转化为数据，转化的精度取决于纸质地形图的固定误差、数字化过程中的误差、数字化的设备误差以及数字化软件等多方面，因此，通过地形图数字化得到的地形图，其地形要素的位置精度不会高于原地形图的精度。

项目小结

本项目以数字成图软件 CASS10.1 为例，讲述了地形图数字化的操作流程。地形图数字化过程都是以计算机为工具、以软件为平台实现的，所以，学习过程中必须在计算机上进行操作，才能够达到练习和掌握地形图数字化原理与方法的教学目标。

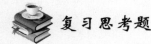

复习思考题

1. 栅格数据和矢量数据各有什么特点？
2. 栅格图形转换为矢量图形的实质是什么？
3. 图像纠正的实质是什么？
4. CASS10.1 图像矢量化的一般流程是什么？

项目 8　数字地形图的应用

项目描述

数字地形图以数字形式存储在计算机存储介质上,详细、真实地反映了地球表面上各种地物的形状、大小、位置、属性以及地面的起伏形态,包含丰富的信息。随着计算机技术的迅速发展,数字地形图在土木工程建设中的应用越来越广泛,而且数字地形图的所有信息都可以应用于地理信息系统(GIS)。本项目以数字成图软件 CASS10.1 为例,主要介绍数字地形图在土木工程建设中的应用。

学习目标

1. 知识目标

(1)掌握利用数字地形图进行几何查询的方法;

(2)掌握利用数字地形图进行断面绘制的方法;

(3)掌握利用数字地形图进行工程量计算的方法。

2. 能力目标

(1)能利用数字地形图进行几何查询;

(2)能利用数字地形图进行断面绘制;

(3)能利用数字地形图进行工程量计算。

3. 素质目标

(1)培养诚实守信和爱岗敬业的职业道德;

(2)培养学生质量意识;

(3)培养学生具备新时代测绘职业素养。

相关案例——××公路修复工程七号路 C 标段技术设计

1. 工程概况

××公路七号路是××寨和××之间的重要通道。C 标段位于××镇和××镇之间,里程 PK225-PK240,全长 15 km,落差 80 多米。沿途经过两个村庄;其中有两公里左右两侧是橡胶林,五公里左右两侧是水田,其余两侧为灌木林。

该工程平面位置和纵向坡度由施工单位自行设计,报监理批准即可。要求修复后的公路中线必须在既有公路的路面范围内,按原路面的高程和填料要求适当设计坡度。

2. 初测

(1)控制测量

目测定出原公路中线,在原公路两侧适当位置布设平面控制网和高程控制网并施测,平差后得到控制测量数据。

(2)测绘带状地形图

测量范围为原公路中线两侧各 50 m。

3.纸上定线

在带状地形图上按要求设计线路中线平面位置,并计算线路中桩测设数据。要求直线每 20 m 取一点,曲线每 10 m 取一点。

4.定测

(1)测设新线中线。

(2)测量新线纵、横断面,并绘制纵、横断面图。横断面测量宽度为中线两侧各 30 m。

(3)利用纵断面图设计线路纵向坡度,然后计算线路中桩设计高程。

(4)利用原地面横断面图和新线设计横断面图计算土方量。

任务 8.1　数字地形图几何查询

8.1.1　任务目标

数字地形图是以数字形式存储在计算机存储介质上,用以表示地物、地貌特征点的空间集合形态。通过学习本任务,会利用软件在数字地形图上查询到工程建设中需要的几何信息,以南方 CASS10.1 为例介绍查询指定点坐标、查询两点距离及方位、查询线长、查询实体面积的方法。

8.1.2　相关配套知识

1.求图上任一点坐标

(1)方法一

用鼠标点取"工程应用"菜单中的"查询指定点坐标"(图 8-1),而后用鼠标点取所要查询的点即可;也可以先进入点号定位方式,再输入要查询的点号;也可以在命令行输入"CXZB"快捷命令来查询指定点坐标。

说明:系统左下角状态栏显示的坐标是笛卡尔坐标系中的坐标,与测量坐标系的 X 和 Y 的顺序相反。用此功能查询时,系统在命令行给出的 X、Y 是测量坐标系的值,如图 8-2 所示。

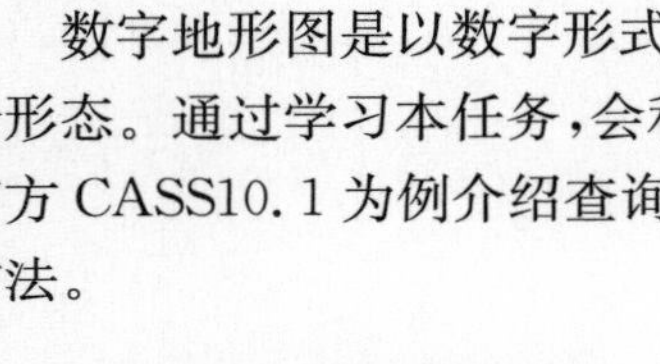

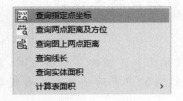

图 8-1　查询指定点坐标

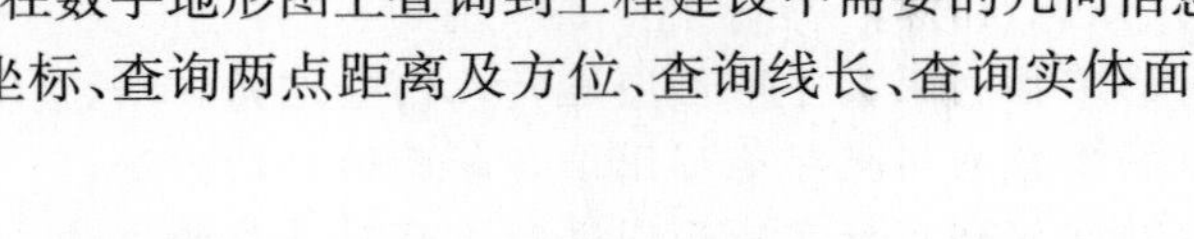

命令:CXZB
指定查询点:
点号P/<鼠标定点>
测量坐标: X=31137.612 m　Y=53203.706 m　H=0.000 m

图 8-2　指定点坐标查询命令执行

也可以利用右侧屏幕菜单注记某一点的坐标。具体操作过程:点击屏幕菜单"文字注记"下"特殊注记"选项,如图 8-3(a)所示,在【坐标坪高】对话框中选择"注记坐标",点击确定按钮,如图 8-3(b)所示,指定要注记的点,捕捉到要注记的点后,鼠标移动到坐标要标记的合适位置单击鼠标左键,如图 8-3(c)所示,即可以确定和注记该点的坐标;也可以在命令行直接输入

"ZJZB"后,指定要注记的点进行坐标注记。

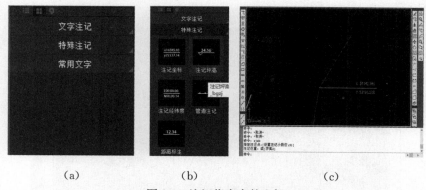

（a） （b） （c）

图 8-3 注记指定点的坐标

2.查询两点距离及方位

点击"工程应用"菜单下的"查询两点距离及方位"。用鼠标分别点取所要查询的两点即可。也可以先进入点号定位方式,再输入两点的点号,如图 8-4 所示。

计算两个指定点之间的实地距离和两点连线的方位角:用鼠标点取"工程应用(C)"菜单下的"查询两点距离及方位"选项,如图 8-4 所示。

图 8-4 查询两点间距离及方位

3.计算线状实体的长度

用鼠标点击"工程应用(C)"菜单下的"查询线长"选项,命令区提示:"选择对象:"。用拾取框在地形图上点取要查询长度的曲线,然后回车。

系统弹出查询结果信息框,如图 8-5 所示。同时命令区给出查询结果。

图 8-5 查询线长

4.计算实体面积

鼠标点击"工程应用"菜单下的"查询实体面积"选项,再点击闭合的边界线即可查询面积,要注意实体需用复合线闭合。

查询指定点坐标 查询两点距离和方位 查询线长 查询实体面积

5.计算表面积

在工程建设中,对于地面起伏较大的地面,用常规方法难以计算表面积。此时可以利用数字地形图的高程信息,通过 DTM 建模,在三维空间内将高程点连接为带坡度的三角形,然后计算每个三角形的面积,再将所有三角形的面积累加即得到整个范围内不规则地貌的表面积。
图 8-6 为计算图中封闭区域中的表面积。

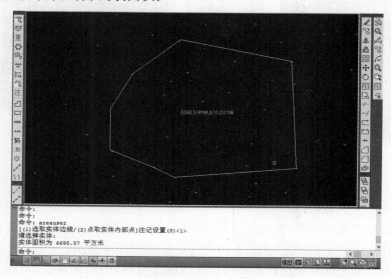

图 8-6　选定计算区域

在 CASS10.1 中用鼠标点取"工程应用(C)"菜单下的"计算表面积\根据坐标文件"选项,
命令区提示:"选择计算区域边界线"。

(1)用拾取框选择图上的复合线边界。

系统弹出"输入高程点数据文件名"对话框。

(2)选择该地形图的数据文件,然后点击"打开"按钮(或双击该文件名)。

命令区提示:"请输入边界插值间隔(m):<20>"。

(3)输入一个合适的数值,回车。(若直接回车,则边界插值间隔为 20 m。)

系统自动建立 DTM 模型并给出三角形编号,如图 8-7 所示。

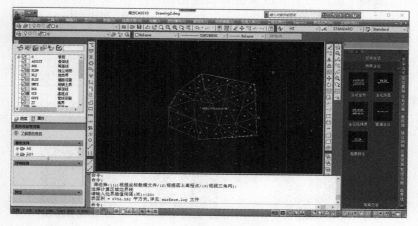

图 8-7　表面积计算结果

计算表面积

命令区显示选定区域表面积计算结果。每一个三角形的面积计算结果保存在位于
"CASS10.1\SYTEM"目录下的 surface.log 文件里。

任务 8.2　断面图绘制

8.2.1　任务目标

通过学习本任务,可利用南方 CASS10.1 分别通过已知坐标文件、里程文件、等高线、图上高程点 4 种情况绘制纵断面、横断面。

8.2.2　相关配套知识

1.根据已知坐标绘制纵断面图

根据已知坐标绘制纵断面图有根据坐标文件和根据图上高程点两种方法。两种方法的步骤基本一致,区别在于采用根据图上高程点绘制断面图的方法时,需先在显示区展出测量高程点。现以根据坐标文件为例说明绘制纵断面的方法,本节的所有数据均采用软件案例数据(其路径为"D:\ CASS10.1 For AutoCAD2014\DEMO\dgx.dat")。

(1)点击"绘图处理(W)/展野外测点点号/输入坐标数据文件名"选项,根据提示选择案例数据。

(2)用复合线(pline)在图上绘制连续的纵断面线,如图 8-8 所示。

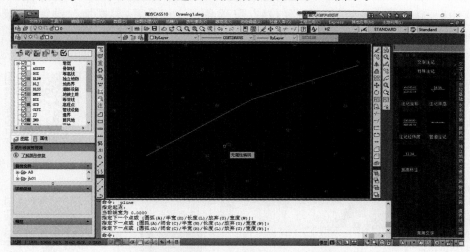

图 8-8　用复合线绘制纵断面线

点击"工程应用/绘断面图/根据已知坐标"选项,命令行提示:"选择断面线",用拾取框选择图上的断面线,屏幕弹出"断面线上拾取"对话框,选择案例,如图 8-9 所示。

输入采样点间距,如 20(m),如果复合线两端点间距大于设置的采样点间距,则每隔此间距内插一个点,系统的默认值是 20 m,可根据实际情况进行调整。设置起始里程为 0(m),则系统默认为 0 m,可依据实际情况进行调整。

点击确定按钮,屏幕弹出"绘制纵断面图"对话框,如图 8-10 所示。各项内容设置方法如下。

断面图比例:系统默认横向 1∶500、纵向 1∶100。如地势较平坦,可以适当增大纵向比例,以便更直观地显示地势起伏情况,反之可适当减小纵向比例。

断面图位置:通常是点击右侧拾取按钮,利用鼠标在屏幕上适合绘制断面图的位置点击鼠标左键拾取坐标,也可在横坐标和纵坐标输入框中输入绘制断面图位置的坐标。

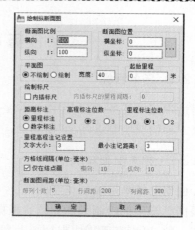

图 8-9　断面上拾取对话框　　　　　　　图 8-10　绘制纵断面图对话框

平面图：如选择绘制，则在断面图下方显示纵断面线转折角及相应宽度带状地形图信息，默认不绘制。

起始里程：与"断面线上拾取"对话框设置的里程一致。

绘制标尺：在断面较长时，可以设置间隔里程内插一个标尺，默认不内插，只在两端绘制标尺。

距离注记、高程标注位数、里程标注位数、里程高程注记设置：根据情况设置，一般保持默认值即可。

设置完成后，点击确定按钮，屏幕上就会出现所选断面线的断面图，如图 8-11 所示。

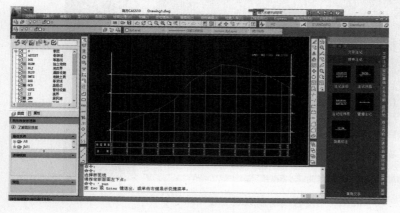

图 8-11　绘制完成的断面图

根据图上高程点绘制纵断面图

根据已知坐标绘制纵断面图

2.根据里程文件生成横断面

根据里程文件绘制断面图主要应用于公路、沟渠等多个连续断面的绘制。一个里程文件可以包含多个断面的信息，此时绘制断面图就可以一次绘制出多个断面。里程文件的一个断面信息内可以有该断面不同时期的断面数据，这样绘制这个断面时就可以同时绘出实际断面线和设计断面线，具体方法如下。

（1）绘制纵断面和生成里程文件

①绘制横断面线

点击"工程应用/生成里程文件/由断面线生成/新建"选项，命令行提示：选择纵断面线。

用拾取框选择图上的纵断面线,屏幕弹出"由纵断面生成里程文件"对话框,如图 8-12 所示。

　　点击确定后,系统自动在纵断面线上按 20 m 间距,左右各 25 m 长绘制出所有横断面线,这里要注意的是横断面左右长度的确定要在断面设计图纸里查询,输入长度要大于图示尺寸,必须保证原地面线和设计断面形成闭合图形,才能在后续的计算中准确计算出土方量,如图 8-13所示。

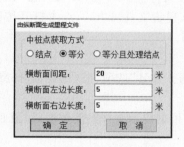

图 8-12　设置横断面参数

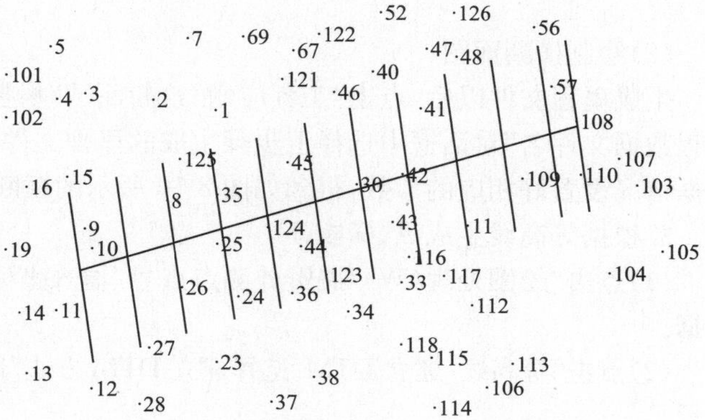

图 8-13　纵断面图上绘制横断面线

　　②生成里程文件

　　点击"工程应用/生成里程文件/由断面线生成/生成"选项,根据提示选择纵断面线,弹出如图 8-13所示的"生成里程文件"对话框,图 8-14 中"高程点数据文件名"是已测量的外业数据,本例中采用案例数据;"生成的里程文件名"是由软件自动生成的里程文件,需要操作人员命名,其后缀为"＊.hdm";"里程文件对应的数据文件名"是软件自动选取生成里程文件需要的原始数据,其后缀为"＊.dat",命名时应注意和里程文件名相对应。

　　完成后点击确定按钮,系统自动在横断面线上标注该断面的里程和中桩高程,如图 8-15 所示。

图 8-14　生成里程文件对话框

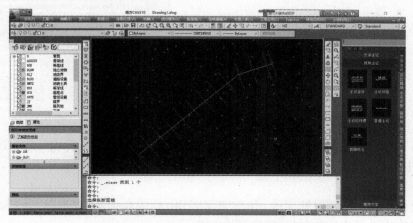

图 8-15　断面的里程和中桩高程

横断面绘制—绘制横断面图　　　横断面绘制—绘制横断面线　　　横断面绘制—生成里程文件

（2）绘制横断面图

生成里程文件以后，点击"工程应用/绘断面图/根据里程文件"选项，在弹出的"输入断面里程数据文件名"对话框中选择上步骤生成的里程文件"Dgx 里程文件. hdm"，点击打开按钮，根据情况设置好相应的参数，得到如图 8-16 所示的横断面图。

3. 根据等高线生成纵、横断面

（1）点击"绘图处理（W）/展野外测点点号/输入坐标数据文件名"选项，根据提示选择案例数据。

（2）点击"等高线/建立 DTM/选择建立 DTM 方式"选项，根据提示选择案例数据，如图 8-17 所示。

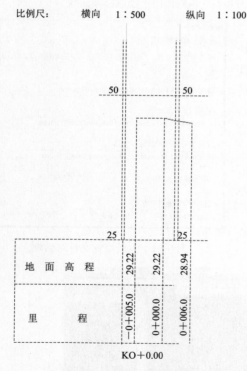

图 8-16　生成的横断面图

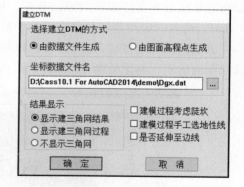

图 8-17　建立 DTM

（3）点击"等高线/绘制等高线"选项，弹出"绘制等值线"对话框，修改"等高距"为 0.5 m；"拟合方式"中单选"三次 B 样条拟合"；单击"确定"完成等高线的绘制（图 8-18），最后再点击"等高线/删三角网"。

（4）用复合线绘制线路纵断面线，点击"工程应用/绘纵断面图/根据等高线"，根据软件提示，结合上述内容可以快速绘制纵断面（图 8-19）。

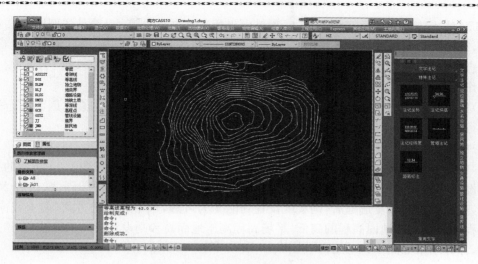

图 8-18 等高线绘制

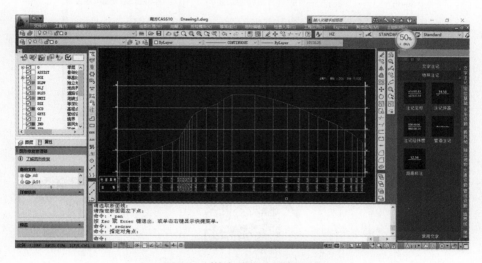

图 8-19 等高线生成纵断面线

任务 8.3 土方量计算

8.3.1 任务目标

通过学习本任务,可利用数字地形图,结合原地面线、设计图纸,利用 DTM 法、断面法、方格网法和等高线法等方法,计算工程土方量。

8.3.2 相关配套知识

1. DTM 法土方计算

通过 DTM 模型来计算土方量是根据实地测定的地面点三维坐标和设计高程,通过生成三角网来计算每一个三棱锥的填挖方量,最后累计得到指定范围内填方和挖方的土方量,并绘出填挖方分界线。

　　DTM 法土方计算共有三种方法，一种是由坐标数据文件计算，一种是依照图上高程点进行计算，第三种是依照图上的三角网进行计算。前两种算法包含重新建立三角网的过程，第三种方法直接采用图上已有的三角形，不再重建三角网。下面以"根据坐标文件"为例进行说明，具体操作步骤如下：

　　(1)用复合线画出所要计算土方的区域，绘制时必须闭合，但不要拟合。因为拟合过的曲线在进行土方计算时会用曲线替代，影响计算结果的精度。

　　(2)用鼠标点取"工程应用\DTM 法土方计算\根据坐标文件"。

　　(3)根据提示："选择边界线"，用鼠标拾取所画的闭合区域，弹出如图 8-20 所示的土方计算参数设置对话框。根据情况设置平场标高(设计目标高程)、边界采样间隔(默认为 20)和边坡设置，选中处理边坡复选框后，则坡度设置功能变为可选，选中放坡的方式(向上或向下：指平场高程相对于实际地面高程的高低，平场高程高于地面高程则设置为向下放坡)。然后输入坡度值，计算结果如图 8-21 所示。

　　图 8-20　DTM 土方计算参数设置　　　　　图 8-21　DTM 土方计算结果

土方量计算—DTM 法　　　　　土方量计算—DTM 法　　　　　土方量计算—DTM 法
（根据坐标文件）　　　　　　（根据图上高程点）　　　　　（根据图上三角网）

2.断面法计算土方量

　　断面法土方计算主要用在公路土方计算和区域土方计算，对于特别复杂的地方可以用任意断面设计方法。断面法土方计算主要有道路断面、场地断面和任意断面三种计算土方量的方法。下面通过以坐标文件生成里程文件、道路断面设计文件，最后由软件自动计算土方量。

　　(1)点击"工程应用\生成里程文件\由坐标文件生成"。屏幕上弹出"输入简码数据文件名"的对话框，来选择简码数据文件。这个文件的编码必须按以下方法定义；其格式如下：

点号，M_1，X 坐标，Y 坐标，高程（M_i 表示道路中心点）

点号，1，X 坐标，Y 坐标，高程（该点是对应 M_i 的道路横断面上的点）

……

点号，M_2，X 坐标，Y 坐标，高程

点号，2，X 坐标，Y 坐标，高程

……

点号, M_i , X 坐标, Y 坐标, 高程

点号, i , X 坐标, Y 坐标, 高程

……

注意: M_1 、 M_2 、 M_3 各点应按实际的道路中线点顺序, 而同一横断面的各点可不按顺序, 以下为摘自案例的数据。

1, M_1 ,708.522,411.099,90.173

2,1,721.786,410.908,90.242

3,1,719.69,405.228,90.284

……

12, M_2 ,708.408,403.871,90.106

13,2,715.911,402.768,90.219

……

屏幕上弹出"输入断面里程数据文件名"的对话框, 来选择断面里程数据文件; 这个文件将保存要生成的里程数据。

(2)横断面文件设计, 横断面的设计参数可以事先写入到一个文件中, 点击: "工程应用\断面法土方计算\道路设计参数文件", 弹出如图 8-22 所示的道路设计参数输入界面。横断面设计参数可从设计图纸上查找。图中坡度是指路基边坡的坡度。路宽是指路面宽度, 如果道路左侧宽度和右侧宽度相等, 则在路宽栏内输入路宽值, 横坡率是指路面横向坡度。输入完成以后保存。

图 8-22　道路设计参数输入

道路设计文件也可以按软件格式要求, 自定义输入 H 、 I 、 W 、 A 、 WG 及 HG ; 其中, H 表示道路横断断面设计高程, I 表示横断面左右侧的横坡比, W 表示道路设计宽度, A 表示道路设计横坡率, WG 表示道路两侧的沟宽, HG 表示道路两侧的沟高, 文件最后以 END 标记文件结束, 保存为 *.dat 格式, 其格式如下:

1, $H=35.0$, $I=1:1$, $W=5$, $A=0.02$, $WG=1.5$, $HG=0.5$

2, $H=35.7$, $I=1:1$, $W=5$, $A=0.02$, $WG=1.5$, $HG=0.5$

......

$10, H=40.0, I=1：1, W=5, A=0.02, WG=1.5, HG=0.5$

END

(3)点击"工程应用\断面法土方计算\道路断面"。后弹出对话框,道路断面的初始参数都可以在这个对话框中进行设置的,按图8-23、图8-24 的参数进行相应设置,即可绘制、统计出道路各横断面填、挖方量,如图8-25 所示。

道路各设计断面填、挖方量

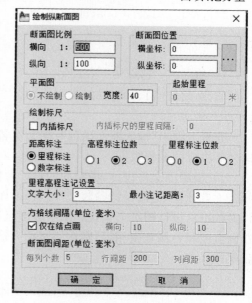

图 8-23 断面设计参数   图 8-24 绘制纵断面图参数设置

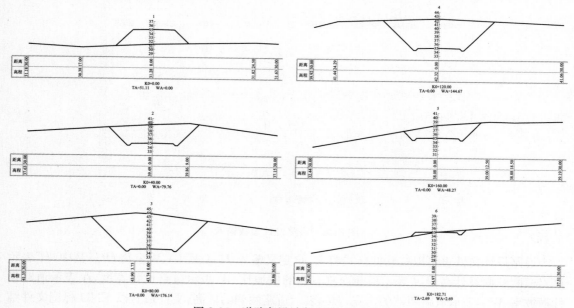

图 8-25 道路各设计断面填、挖方量

(4)点击"工程应用(C)\断面法土方计算\图面土方计算"选项。命令区提示:"选择对象";框选所有参与计算的道路横断面图,然后回车;命令区提示:"指定土石方计算表左上角位

置";用鼠标左键单击图上适当位置。系统在命令区显示计算结果,同时在图上绘出土石方计算表,见表 8-1。

表 8-1 土石方数量计算表

里程	中心高(m)		横断面积(m²)		平均面积(m²)		距离 /m	总数量(m³)	
	填	挖	填	挖	填	挖		填	挖
KO +0.00	5.78		64.33	0.00					
					52.04	0.00	25.00	1 301.04	0.00
KO +25.00	4.29		39.75	0.00					
					21.00	0.23	25.00	525.10	5.72
KO +50.00	0.42		2.25	0.46					
					1.13	10.98	25.00	28.18	274.43
KO +75.00		1.89	0.00	21.50					
					0.00	19.77	25.00	0.00	494.16
KO +100.00		1.64	0.00	18.04					
					0.00	11.36	25.00	0.00	283.89
KO +125.00		0.37	0.00	4.67					
					0.67	2.77	25.00	16.83	69.28
KO +150.00	0.21		1.35	0.87					
					5.01	0.43	25.00	125.23	10.84
KO +175.00	1.30		8.67	0.00					
					16.20	0.00	25.00	405.04	0.00
KO +200.00	2.92		23.73	0.00					
					28.68	0.00	25.00	314.22	0.00
KO +210.96	3.70		33.64	0.00					
合 计								2 715.6	1 138.3

3. 方格网法土方计算

由方格网来计算土方量是根据实地测定的地面点坐标 (X, Y, Z) 和设计高程,通过生成方格网来计算每一个方格内的填挖方量,最后累计得到指定范围内填方和挖方的土方量,并绘出填挖方分界线。系统首先将方格的四个角上的高程相加(如果角上没有高程点,通过周围高程点内插得出其高程),取平均值与设计高程相减。然后通过指定的方格边长得到每个方格的面积,再用长方体的体积计算公式得到填挖方量。用复合线将所要计算土方的区域闭合圈起来,然后进行如下操作。

点击"工程应用\方格网法土方计算"选项,命令行提示:"选择计算区域边界线"。点取所画的复合线,弹出"方格网土方计算"对话框,如图 8-26 所示,高程点数据文件选择 Dgx. dat。

设计面的设置如下。

(1)平面

在目标高程处输入设计高程值,在方格宽度输入方格宽度值。由原理可知,方格的宽度越小、计算精度越高;但如果给的值太小,超过了野外采集的点的密度也是没有实际意义的。

(2)斜面

设计面是斜面时,操作步骤与平面时基本相同,区别在于在方格网土方计算对话框中"设

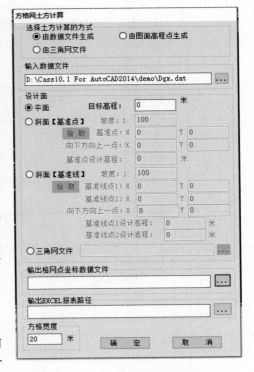

图 8-26 方格网土方量计算

计面"栏中,应选择"斜面【基准点】"或"斜面【基准线】"。

①如果设计的面是斜面【基准点】,需要确定坡度、基准点和向下方向上一点的坐标,以及基准点的设计高程。点击"拾取",命令行提示:

"点取设计面基准点:确定设计面的基准点";

"指定斜坡设计面向下的方向:点取斜坡设计面向下的方向"。

②如果设计的面是斜面【基准线】,需要输入坡度并点取基准线上的两个点以及基准线向下方向上的一点,最后输入基准线上两个点的设计高程即可进行计算。

点击"拾取",命令行提示:

"点取基准线第一点:点取基准线的一点";

"点取基准线第二点:点取基准线的另一点";

"指定设计高程低于基准线方向上的一点:指定基准线方向两侧低的一边"。

计算结果显示在命令栏,如图 8-27 所示。

土方量计算—方格网法计算土方量

方格网法计算结果

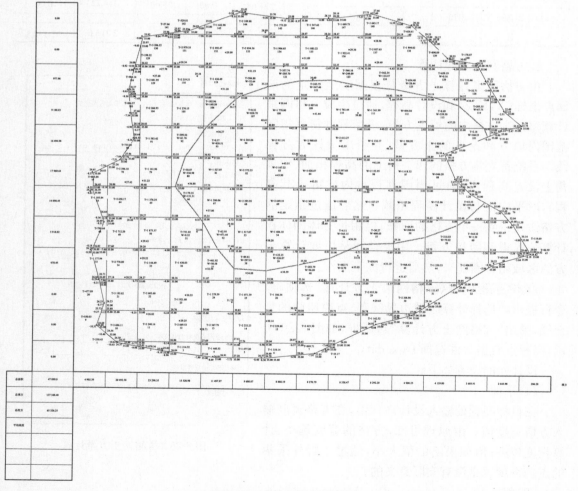

图 8-27　方格网法计算结果

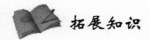拓展知识

土方量计算分析

在露天煤矿开采、大型基础开挖等工程中,经常需要计算某一段时间内的土石方工程量,以便进行计量工作。此类工程的特点是测量区域的表面是不规则的。此时,可用绘图软件 CASS 中的"两期土方计算"功能计算土石方工程量。

用"两期土方计算"功能计算土石方量,必须进行两期外业测量,即在两个不同的时期(如月初和月末)对同一区域进行测量,得到不同时期同一区域的高程数据。

"两期土方计算"是利用两次观测得到的高程数据分别建模,然后叠加,进而计算这一区域在这个时间段内所发生的土石方工程量。

两期土方计算之前,要先对该区域分别进行建模,即生成 DTM 模型,并将生成的 DTM 模型保存起来;其操作过程:定显示区 → 展高程点 → 建立 DTM → 三角网存取\写入文件。操作完成后,系统在指定位置生成扩展名为". sjw"的文件。

(1)用鼠标点取"工程应用(C)"菜单下"DTM 法土方计算\计算两期土方量"选项。

命令区提示:"第一期三角网:①图面选择;②三角网文件 <2> "。

"图面选择"是指用当前屏幕上显示的 DTM 模型进行计算。"三角网文件"是指用保存在文件中的 DTM 模型进行计算。

因为外业测量完成后必须尽快处理测量数据,所以第一期三角网应该是保存在文件中的 DTM 模型。因此,选择第一期三角网时,软件 CASS 将"三角网文件"设计为默认。

(2)直接回车。

系统弹出"输入三角网文件名"对话框。

(3)选择存储 DTM 模型的文件,点击"打开"按钮。

命令区提示:"第二期三角网:(1)图面选择 (2)三角网文件 <1>"。

第二期外业测量完成后,不必保存 DTM 模型,即可计算两期土方,所以,选择第二期三角网时,软件 CASS 将"图面选择"设计为默认。

(4)直接回车。

命令区提示:"选择对象"。

(5)用拾取框框选图面上的三角网,然后回车。

系统弹出计算结果信息框,如图 8-28 所示。

(6)单击信息框的"确定"按钮。

屏幕出现两期三角网叠加的效果,蓝色部分表示此处的高程已经发生变化,红色部分表示没有变化。

图 8-28　土方量计算结果

项目小结

本项目以数字成图软件 CASS10.1 为例,讲述了数字地形图在工程建设和地理信息系统(GIS)中的应用。数字地形图的应用都是以计算机为工具、以软件为平台实现的,所以,学习过程中必须在计算机上进行操作,才能够达到利用数字地形图解决实际工作问题的目标。

复习思考题

1. 在成图软件 CASS10.1 中,如何在数字地形图上确定点的坐标和高程?

2. 在成图软件 CASS10.1 中,如何在数字地形图上计算两点间的水平距离、方位角和坡度?

3. 在成图软件 CASS10.1 中,如何在数字地形图上计算指定区域的不规则地貌的表面积?

4. 在成图软件 CASS10.1 中,利用 DTM 法计算土方量有哪几种方法? 应如何操作?

5. 在成图软件 CASS10.1 中,如何利用数字地形图计算公路或铁路路基土方量?

6. 某特大桥施工进场前,为了安排施工现场的各种设施,计划将桥址旁某区域内自然地面改造为水平地面,要求挖方量和填方量相等。现已完成该区域自然地面的测量工作并用成图软件 CASS10.1 绘制成数字地形图。

(1)应利用 CASS10.1 的哪个功能解决这个问题?

(2)简述操作过程。

7. 在成图软件 CASS10.1 中,如何绘制道路纵断面图和横断面图?

8. 在成图软件 CASS10.1 中,如何利用屏幕扫描数字化地形图计算土方量?

9. 如何生成 CASS10.1 数据交换文件? 在数据交换文件中,如何表示各种地物实体?

参 考 文 献

[1] 王正荣,徐晓燕,邹时林. 数字测图[M]. 郑州:黄河水利出版社,2019.

[2] 范国雄. 数字测图技术[M]. 南京:东南大学出版社,2016.

[3] 潘正风,程效军,成枢,等. 数字地形测量学[M]. 武汉:武汉大学出版社,2015.

[4] 卢满堂. 数字测图[M]. 北京:中国电力出版社,2011.

[5] 冯大福. 数字测图[M]. 重庆:重庆大学出版社,2010.

[6] 李玉宝. 大比例尺数字化测图技术[M]. 成都:西南交通大学出版社,2019.

[7] 郭学林. 无人机测量技术[M]. 郑州:黄河水利出版社,2018.

[8] 周园. 地图制图技术[M]. 武汉:武汉大学出版社,2018.

[9] 万刚,余旭初,布树辉,等. 无人机测绘技术及应用[M]. 北京:测绘出版社,2015.

[10] 国家测绘地理信息局测绘标准化研究所,北京市测绘设计研究院,建设综合勘察研究设计院有限公司.
国家基本比例尺地图图式　第 1 部分:1∶500 1∶1000 1∶2000 地形图图式:GB/T 20257.1—2017[S].
北京:中国标准出版社,2017.